Tarjeta Profesional de la Construcción Sector Metal (TPM). Fontanería e Instalaciones de Climatización

Editado por:
ICB, S.L. (Interconsulting Bureau S.L.)
Avda. Ortega y Gasset, 198. P.I. Alameda
29006 - Málaga. España
Tfno: (+34) 952 28 87 67
Web: www.icbeditores.com
Correo electrónico: info@icbeditores.com

Tarjeta Profesional de la Construcción Sector Metal (TPM). Fontanería e Instalaciones de Climatización

Coordinadora de la obra: Estefanía Navas Cuenca

Licenciada en Biología por la Universidad de Málaga

Experta/Especialista en Prevención de Riesgos Laborales

2ª Edición

ISBN: 978-84-9021-038-3

CÓDIGO: MAIC000304

Impreso en España- Printed in Spain

Índice

MÓDULO ÚNICO. FONTANERÍA E INSTALACIONES DE CLIMATIZACIÓN. CONTENIDOS FORMATIVOS ESPECÍFICOS

MÓDULO. ÚNICO

Fontanería e instalaciones de Climatización

TEMA 1

Definición de los trabajos

- Instalaciones provisionales de obra
- Bajantes
- Instalación colgada
- Instalaciones en locales (servicios, cocinas, baños, etc.)
- Urbanizaciones, pozos, arquetas, etc.

OBJETIVOS:

- Diferenciar los distintos trabajos a realizar en fontanería.
- Identificar que actividades, sistemas de ejecución, materiales y equipos de trabajo se incluyen en el concepto de la unidad de obra de fontanería.
- Establecer las medidas necesarias para la eliminación o reducción inicial de los riesgos, analizando las condiciones de trabajo y salud que rodean al trabajador y su entorno laboral.

INSTALACIONES PROVISIONALES DE OBRA

Los trabajadores dispondrán de tantas instalaciones de higiene y bienestar como sea necesario. Para ello, se tendrán en cuenta el número de trabajadores máximos en obra en los momentos de mayor concurrencia.

Cuando los trabajadores tengan que utilizar ropa especial de trabajo tendrán a su disposición vestuarios, los cuales serán de fácil acceso y con dimensiones suficientes para el número de trabajadores que los vayan a utilizar. Si fuese necesario también se dispondrá de duchas apropiadas y en número suficiente, provistos con asientos y taquillas individuales.

Siempre se utilizarán instalaciones adecuadas para el uso de cuartos de baño con agua corriente caliente y fría, y con retretes.

Igualmente si fuese necesario se dispondrá de casetas habilitadas para el descanso de los trabajadores y otras como comedores, dotadas de mesas y sillas en número suficiente, calienta-comidas, piletas con agua corriente y menaje suficiente para el número de operarios existentes en la obra. Habrá también un recipiente para recogida de basuras.

Se mantendrán siempre en perfecto estado de limpieza y conservación.

- Instalaciones provisionales para trabajadores: aseos y vestuarios
- Instalaciones eléctricas

BAJANTES

Las bajantes son conductores verticales que recogen las aguas residuales o pluviales de las diversas plantas (edificio).

Las aguas negras son fluidos que contienen materias orgánicas y que circulan por las alcantarillas. También llamadas aguas residuales.

Por tanto, existen bajantes para aguas residuales, aguas negras, y también, bajante para ventilación: conducto que sirve a la vez de bajante de aguas residuales y de tubo de ventilación.

Las bajantes se realizarán sin desviaciones ni retranqueos y con diámetro uniforme en toda su altura excepto, en el caso de bajantes de residuales, cuando existan obstáculos insalvables en su recorrido y cuando la presencia de inodoros exija un diámetro concreto desde los tramos superiores que no es superado en el resto de la bajante.

El diámetro no debe disminuir en el sentido de la corriente.

Podrá disponerse un aumento de diámetro cuando acometan a la bajante caudales de magnitud mucho mayor que los del tramo situado aguas arriba.

INSTALACIÓN COLGADA

También denominado colectores, son tuberías horizontales con pendiente que recogen el agua de las bajantes y la canalizan hasta el alcantarillado urbano, fosa séptica, pozo de filtración o equipo de depuración.

Las bajantes deben conectarse mediante piezas especiales, según las especificaciones técnicas del material. No puede realizarse esta conexión mediante simples codos, ni en el caso en que estos sean reforzados.

La conexión de una bajante de aguas pluviales al colector en los sistemas mixtos, debe disponerse separada al menos 3 m de la conexión de la bajante más próxima de aguas residuales situada aguas arriba.

Deben tener una pendiente del 1% como mínimo.

No deben acometer en un mismo punto más de dos colectores.

En los tramos rectos, en cada encuentro o acoplamiento tanto en horizontal como en vertical, así como en las derivaciones, deben disponerse registros constituidos por piezas especiales, según el material del que se trate, de tal manera que los tramos entre ellos no superen los 15 m.

Además de la instalación colgada, se encuentra la instalación o colectores enterrados. Los tubos deben disponerse en zanjas de dimensiones adecuadas, situados por debajo de la red de distribución de agua potable.

Deben tener una pendiente del 2 % como mínimo.

La acometida de las bajantes y los manguetones a esta red se hará con interposición de una arqueta a pie de bajante, que no debe ser sifónica.

Se dispondrán registros de tal manera que los tramos entre ellos no superen 15 m.

INSTALACIÓN EN LOCALES

Suministro de Agua

El suministro de agua al edificio o local se hace a través de la conducción de agua que la Compañía Suministradora posea en la zona.

Los caudales instantáneos mínimos en los aparatos domésticos serán los siguientes:

Agua fría

- Lavamanos: 0,05 l/s.
- Lavabo: 0,10 l/s.
- Ducha: 0,20 l/s.
- Bañera de 1,40 m o más: 0,30 l/s.
- Bañera de menos de 1,40 m: 0,20 l/s.
- Bidé: 0,10 l/s.
- Inodoro con cisterna: 0,10 l/s.
- Inodoro con fluxor: 1,25 l/s.
- Urinario con grifo temporizado: 0,15 l/s
- Urinario con cisterna (c/u): 0,04 l/s.
- Fregadero doméstico: 0,20 l/s.
- Grifo garaje: 0,20 l/s.
- Vertedero: 0,20 l/s.
- Office: 0,15 l/s.

Agua caliente

- Lavamanos: 0,03 l/s.
- Lavabo: 0,065 l/s.
- Ducha: 0,10 l/s.
- Bañera de 1,40 m o más: 0,20 l/s.
- Bañera de menos de 1,40 m: 0,15 l/s.
- Bidé: 0,065 l/s.
- Fregadero doméstico: 0,10 l/s.

- Fregadero no doméstico: 0,30 l/s.
- Lavavajillas doméstico: 0,15 l/s.
- Lavavajillas industrial (20 servicios): 0,25 l/s.
- Lavadero: 0,20 l/s.
- Lavadora doméstica: 0,20 l/s.
- Lavadora industrial (8 kg): 0,60 l/s.
- Grifo aislado: 0,15 l/s.

- Fregadero no doméstico: 0,20 l/s.
- Lavavajillas doméstico: 0,10 l/s.
- Lavavajillas industrial (20 servicios): 0,20 l/s.
- Lavadero: 0,10 l/s.
- Lavadora doméstica: 0,15 l/s.
- Lavadora industrial (8 kg): 0,40 l/s.
- Grifo aislado: 0,10 l/s.

En los puntos de consumo la presión mínima debe ser:

- 10 mca para grifos comunes.
- 15 mca para fluxores y calentadores.

La presión en cualquier punto de consumo no debe superar 50 mca.

La temperatura de ACS en los puntos de consumo debe estar comprendida entre 50 ºC y 65 ºC, excepto en las instalaciones ubicadas en edificios dedicados a uso exclusivo de vivienda siempre que éstas no afecten al ambiente exterior de dichos edificios.

El agua de la instalación debe cumplir lo establecido en la legislación vigente sobre el agua para consumo humano.

Los materiales que se vayan a utilizar en la instalación, en relación con su afectación al agua que suministren, deben ajustarse a los siguientes requisitos:

- Para las tuberías y accesorios deben emplearse materiales que no produzcan concentraciones de sustancias nocivas que excedan los valores permitidos por el Real Decreto 140/2003, de 7 de febrero.
- No deben modificar las características organolépticas ni la salubridad del agua suministrada.
- Deben ser resistentes a la corrosión interior.
- Deben ser capaces de funcionar eficazmente en las condiciones de servicio previstas.
- No deben presentar incompatibilidad electroquímica entre sí.
- Deben ser resistentes a temperaturas de hasta 40ºC, y a las temperaturas exteriores de su entorno inmediato.
- Deben ser compatibles con el agua suministrada y no deben favorecer la migración de sustancias de los materiales en cantidades que sean un riesgo para la salubridad y limpieza del agua de consumo humano.
- Su envejecimiento, fatiga, durabilidad y las restantes características mecánicas, físicas o químicas, no deben disminuir la vida útil prevista de la instalación.

Para cumplir las condiciones anteriores pueden utilizarse revestimientos, sistemas de protección o sistemas de tratamiento de agua.

La instalación de suministro de agua debe tener características adecuadas para evitar el desarrollo de gérmenes patógenos y no favorecer el desarrollo de la biocapa (biofilm).

Se dispondrán sistemas antirretorno para evitar la inversión del sentido del flujo en los puntos que figuran a continuación, así como en cualquier otro que resulte necesario:

- Después de los contadores;
- En la base de las ascendentes;
- Antes del equipo de tratamiento de agua;
- En los tubos de alimentación no destinados a usos domésticos;
- Antes de los aparatos de refrigeración o climatización.

Las instalaciones de suministro de agua no podrán conectarse directamente a instalaciones de evacuación ni a instalaciones de suministro de agua proveniente de otro origen que la red pública.

En los aparatos y equipos de la instalación, la llegada de agua se realizará de tal modo que no se produzcan retornos.

Los antirretornos se dispondrán combinados con grifos de vaciado de tal forma que siempre sea posible vaciar cualquier tramo de la red.

Suministros de la Instalación

- Acometida: Es el ramal y elementos complementarios que enlazan la red de distribución y la instalación general. Los edificios objeto de este proyecto disponen de una acometida existente siendo oportuno, en caso de ser necesario, el cambio de sección de esta acometida por una mayor, marcada en este proyecto, por cuestión de consumos.

  Esta acometida atravesará el muro del cerramiento del edificio por un orificio practicado por el propietario o abonado, de modo que el tubo quede suelto y le permita la libre dilatación, si bien deberá ser rejuntado de forma que a la vez el orificio quede impermeabilizado. La instalación deberá ser realizada por la Empresa Suministradora.

  La acometida debe disponer, como mínimo, de los elementos siguientes:

  - Una llave de toma o un collarín de toma en carga, sobre la tubería de distribución de la red exterior de suministro que abra el paso a la acometida.
  - Un tubo de acometida, de polietileno, que enlace la llave de toma con la llave de corte general. Se dejará convenientemente protegido. Se recomienda que el diámetro de la conducción sea como mínimo el doble del diámetro de la acometida.
  - Una llave de corte en el exterior de la propiedad. Sólo podrá ser manipulada por el suministrador o persona autorizada. Deberá ser registrable a fin de que pueda ser operada.

- Instalación general: Conjunto de tuberías y elementos de control y regulación que enlazan la acometida con las instalaciones interiores particulares y las derivaciones colectivas. Deberá ser realizada por un instalador autorizado, debiendo pasar las oportunas inspecciones por parte de la Compañía suministradora y, en su caso, por personal de Industria.

La instalación general debe contener, en función del esquema adoptado, los elementos que le correspondan de los que se citan a continuación:

- Llave de corte general. Servirá para interrumpir el suministro al edificio, y estará situada dentro de la propiedad, en una zona de uso común, accesible para su manipulación y señalada adecuadamente para permitir su identificación. Si se dispone armario o arqueta del contador general, debe alojarse en su interior.

- Filtro de la instalación general. Debe retener los residuos del agua que puedan dar lugar a corrosiones en las canalizaciones metálicas. Se instalará a continuación de la llave de corte general. Si se dispone armario o arqueta del contador general, debe alojarse en su interior. El filtro debe ser de tipo Y con un umbral de filtrado comprendido entre 25 y 50 ?m, con malla de acero inoxidable y baño de plata, para evitar la formación de bacterias y autolimpiable. La situación del filtro debe ser tal que permita realizar adecuadamente las operaciones de limpieza y mantenimiento sin necesidad de corte de suministro.

- Armario o arqueta del contador general. El armario o arqueta del contador general contendrá, dispuestos en este orden, la llave de corte general, un filtro de la instalación general, el contador, una llave, grifo o racor de prueba, una válvula de retención y una llave de salida. Su instalación debe realizarse en un plano paralelo al del suelo. La llave de salida debe permitir la interrupción del suministro al edificio. La llave de corte general y la de salida servirán para el montaje y desmontaje del contador general.

- Tubo de alimentación. Tubería que enlaza la llave de corte general y los sistemas de control y regulación de la presión o el distribuidor principal.
  Debe realizarse por zonas de uso común. En caso de ir empotrado deben disponerse registros para su inspección y control de fugas, al menos en sus extremos y en los cambios de dirección.

- Distribuidor principal. Tubería que enlaza los sistemas de control de la presión y las ascendentes o derivaciones. Debe realizarse por zonas de uso común. En caso de ir empotrado deben disponerse registros para su inspección y control de fugas, al menos en sus extremos y en los cambios de dirección.

- Montantes. Las ascendentes o montantes deben discurrir por zonas de uso común del mismo. Deben ir alojadas en recintos o huecos, construidos a tal fin.

Dichos recintos o huecos, que podrán ser de uso compartido solamente con otras instalaciones de agua del edificio, deben ser registrables y tener las dimensiones suficientes para que puedan realizarse las operaciones de mantenimiento.

Deben disponer en su base de una válvula de retención, una llave de corte para las operaciones de mantenimiento, y de una llave de paso con grifo o tapón de vaciado, situada en zonas de fácil acceso y señalada de forma conveniente. La válvula de retención se dispondrá en primer lugar, según el sentido de circulación del agua.

En su parte superior deben instalarse dispositivos de purga, automáticos o manuales, con un separador o cámara que reduzca la velocidad del agua facilitando la salida del aire y disminuyendo los efectos de los posibles golpes de ariete.

- Instalaciones particulares: Parte de la instalación comprendida entre cada contador y los aparatos de consumo del abonado correspondiente. En este caso en concreto, solo se dispone de un contador por ser un único abonado.

  Estarán compuestas de los elementos siguientes:

  - Una llave de paso situada en el interior de la propiedad particular en lugar accesible para su manipulación.

  - Derivaciones particulares, cuyo trazado se realizará de forma tal que las derivaciones a los cuartos húmedos sean independientes. Cada una de estas derivaciones contará con una llave de corte, tanto para agua fría como para agua caliente.

- Ramales de enlace.
- Puntos de consumo, de los cuales, todos los aparatos de descarga, tanto depósitos como grifos, los calentadores de agua instantáneos, los acumuladores, las calderas individuales de producción de ACS y calefacción y, en general, los aparatos sanitarios, llevarán una llave de corte individual.

- Derivaciones colectivas: Discurrirán por zonas comunes y en su diseño se aplicarán condiciones análogas a las de las instalaciones particulares.
- Sistemas de tratamiento de agua: Los materiales utilizados en la fabricación de los equipos de tratamiento de agua deben tener las características adecuadas en cuanto a resistencia mecánica, química y microbiológica para cumplir con los requerimientos inherentes tanto al agua como al proceso de tratamiento.

Deben realizarse las derivaciones adecuadas en la red de forma que la parada momentánea del sistema no suponga discontinuidad en el suministro de agua al edificio.

Los sistemas de tratamiento deben estar dotados de dispositivos de medida que permitan comprobar la eficacia prevista en el tratamiento del agua.

Los equipos de tratamiento deben disponer de un contador que permita medir, a su entrada, el agua utilizada para su mantenimiento.

Los productos químicos utilizados en el proceso deben almacenarse en condiciones de seguridad en función de su naturaleza y su forma de utilización.

La entrada al local destinado a su almacenamiento debe estar dotada de un sistema para que el acceso sea restringido a las personas autorizadas para su manipulación.

En este caso se dispondrá de dos nuevos equipos de purificación de agua, uno en planta baja del edifico oeste y otro en planta segunda de este mismo edificio.

Estos equipos de purificación de agua producen a partir de agua potable de red, agua para laboratorio de dos calidades: Agua purificada tipo II "grado analítico" (resistividad > 5 MOhmios.cm, TOC < 30 ppb), para aplicaciones generales de laboratorio; caudal de producción constante: 5 litros/hora; caudal de dispensado: hasta 2 litros/minuto (regulable). Agua ultrapura tipo I "grado reactivo" (resistividad 18,2 MOhmios.cm, TOC < 5 ppb), para aplicaciones de análisis instrumental y biología molecular y celular; caudal de producción bajo demanda y dispensada: hasta 2 litros/minuto (regulable).

Instalaciones de agua caliente sanitaria (ACS)

En el diseño de las instalaciones de ACS deben aplicarse condiciones análogas a las de las redes de agua fría.

Tanto en instalaciones individuales como en instalaciones de producción centralizada, la red de distribución debe estar dotada de una red de retorno cuando la longitud de la tubería de ida al punto de consumo más alejado sea igual o mayor que 15 m.

Las redes de retorno discurrirán paralelamente a las de impulsión.

En los montantes, debe realizarse el retorno desde su parte superior y por debajo de la última derivación particular. En la base de dichas montantes se dispondrán válvulas de asiento para regular y equilibrar hidráulicamente el retorno.

Para soportar adecuadamente los movimientos de dilatación por efectos térmicos deben tomarse las precauciones siguientes:

- En las distribuciones principales deben disponerse las tuberías y sus anclajes de tal modo que dilaten libremente, según lo establecido en el Reglamento de Instalaciones Térmicas en los Edificios y sus Instrucciones Técnicas Complementarias ITE para las redes de calefacción.
- En los tramos rectos se considerará la dilatación lineal del material, previendo dilatadores si fuera necesario, cumpliéndose para cada tipo de tubo las distancias que se especifican en el Reglamento antes citado.

El aislamiento de las redes de tuberías, tanto en impulsión como en retorno, debe ajustarse a lo dispuesto en el Reglamento de Instalaciones Térmicas en los Edificios y sus Instrucciones Técnicas Complementarias ITE.

En las instalaciones de ACS se regulará y se controlará la temperatura de preparación y la de distribución.

En las instalaciones individuales los sistemas de regulación y de control de la temperatura estarán incorporados a los equipos de producción y preparación.

El control sobre la recirculación en sistemas individuales con producción directa será tal que pueda recircularse el agua sin consumo hasta que se alcance la temperatura adecuada.

Protecciones contra incendios

La constitución de los aparatos y dispositivos instalados y su modo de instalación deben ser tales que se impida la introducción de cualquier fluido en la instalación y el retorno del agua salida de ella.

La instalación no puede empalmarse directamente a una conducción de evacuación de aguas residuales.

No pueden establecerse uniones entre las conducciones interiores empalmadas a las redes de distribución pública y otras instalaciones, tales como las de aprovechamiento de agua que no sea procedente de la red de distribución pública.

En todos los aparatos que se alimentan directamente de la distribución de agua, tales como bañeras, lavabos, bidés, fregaderos, lavaderos, y en general, en todos los recipientes, el nivel inferior de la llegada del agua debe verter a 20 mm, por lo menos, por encima del borde superior del recipiente.

Los rociadores de ducha manual deben tener incorporado un dispositivo antirretorno.

Separaciones respecto a otras instalaciones

El tendido de las tuberías de agua fría debe hacerse de tal modo que no resulten afectadas por los focos de calor y por consiguiente deben discurrir siempre separadas de las canalizaciones de agua caliente (ACS o calefacción) a una distancia de 4 cm, como mínimo. Cuando las dos tuberías estén en un mismo plano vertical, la de agua fría debe ir siempre por debajo de la de agua caliente.

Las tuberías deben ir por debajo de cualquier canalización o elemento que contenga dispositivos eléctricos o electrónicos, así como de cualquier red de telecomunicaciones, guardando una distancia en paralelo de al menos 30 cm.

Con respecto a las conducciones de gas se guardará al menos una distancia de 3 cm.

Señalización

Las tuberías de agua de consumo humano se señalarán con los colores verde oscuro o azul.

Si se dispone una instalación para suministrar agua que no sea apta para el consumo, las tuberías, los grifos y los demás puntos terminales de esta instalación deben estar adecuadamente señalados para que puedan ser identificados como tales de forma fácil e inequívoca.

Instalación de saneamientos

Las aguas que vierten en la red de evacuación se agrupan en 3 clases:

- Aguas residuales, son las que proceden del conjunto de aparatos sanitarios existentes en las viviendas (fregaderos, lavabos, bidés, etc), excepto inodoros y placas turcas. Son aguas con relativa suciedad que arrastran muchos elementos en disolución (grasas, jabones detergentes, etc).
- Aguas fecales, son aquellas que arrastran materias fecales procedentes de inodoros y placas turcas. Son aguas con alto contenido en bacterias y un elevado contenido en materias sólidas y elementos orgánicos.
- Aguas pluviales, son las procedentes de la lluvia o de la nieve, de escorrentías o de drenajes. Son aguas generalmente limpias.

Para unir la red de evacuación al alcantarillado público, se dispone de un sistema separativo con una conexión final de las aguas pluviales y las residuales, antes de su salida a la red exterior que conecta con la depuradora. La conexión entre la red de pluviales y la de residuales esta ejecutada con interposición de un cierre hidráulico que impida la transmisión de gases de una a otra y su salida por los puntos de captación tales como calderetas, rejillas o sumideros.

Materiales de la red de evacuación

Las tuberías utilizadas en la red de evacuación deberán cumplir unas características muy específicas, que permitirán el correcto funcionamiento de la instalación y una evacuación rápida y eficaz. Entre estas características destacaremos:

- Resistencia a la fuerte agresividad de estas aguas.
- Impermeabilidad total a líquidos y gases.
- Resistencia suficiente a las cargas externas.
- Flexibilidad para absorber sus movimientos.
- Lisura interior.
- Resistencia a la abrasión.
- Resistencia a la corrosión.
- Absorción de ruidos (producidos y transmitidos).

La tubería de fundición gris se utilizará en bajantes, colectores y ventilación. Es muy duradera debido a su elevado contenido en carbono y presenta una elevada resistencia mecánica, si bien, su utilización se restringirá a zonas de tránsito y puntos que requieran reforzar la instalación, debido a su elevado precio.

La tubería de PVC es la más utilizada actualmente, tanto en pequeña evacuación (derivaciones y ramales) como en gran evacuación (bajantes y colectores). Con material plástico se realizarán también las piezas especiales y auxiliares, como botes, sifones, sumideros, válvulas de desagüe, codos, derivaciones, manguitos, etc. Los tubos de PVC se caracterizarán por su gran ligereza y lisura interna, que evitarán las incrustaciones y permitirán la rápida evacuación de las aguas residuales. Presentarán además gran resistencia a los agentes químicos, sin ninguna incompatibilidad con los materiales de obra.

Debido a su elevado coeficiente de dilatación será obligado poner juntas de dilatación. Los tubos que se instalen a la intemperie se ubicarán en el interior de cajeados, al abrigo del sol, para evitar el envejecimiento. Al ser materiales termoplásticos presentarán gran confortabilidad, adaptándose a cualquier trazado cuando se calientan para darles forma.

La tubería de hormigón se utilizará en la red horizontal de gran evacuación (colectores). Para su fabricación se empleará el hormigón en masa, vibrado y centrifugado. Presentará gran resistencia mecánica, gran capacidad de evacuación y gran durabilidad.

La tubería de gres se utilizará en gran evacuación (bajantes y colectores). Se obtendrá al amasar en vía húmeda el cuarzo, feldespato, alúmina y óxido de hierro, los cuales, una vez moldeados se cuecen a temperatura de 1.200 ºC, vitrificándose y esmaltándose superficialmente con cloruro sódico. El resultado será un material de gran compacidad, altamente impermeable, gran dureza, gran resistencia a la agresividad de los ácidos y bases y gran durabilidad. Sin embargo, es frágil a los golpes, lo que obliga a realizar tramos muy cortos con un elevado número de juntas.

La tubería de zinc será adecuada para la recogida de aguas pluviales, utilizándose tanto en canalones como en bajantes. Será resistente a la intemperie y aguas de lluvia, autoprotegiéndose por la formación de una pequeña película de carbonato de zinc que impide su corrosión. Sin embargo, aún siendo un material muy maleable y ligero que se trabaja perfectamente, es atacado por el yeso, el cemento y los ácidos en general.

Condiciones que deberá reunir la red de evacuación

Desde el punto de vista de calidad de funcionamiento, la red de evacuación de un edificio deberá cumplir una serie de condiciones que garanticen su funcionamiento correctamente y que aseguren una calidad en el tiempo mínima, para conseguir el grado de satisfacción que el usuario de la red debe obtener de un servicio higiénico tan vital, para lograr el confort deseado en su hábitat.

La red deberá conseguir sin estancamiento y de una manera rápida, la evacuación de las aguas utilizadas en los distintos servicios, y de una forma muy especial las aguas negras, que contienen y transportan abundante materia orgánica y colibacilos, agentes portadores de enfermedades hídricas. Para lograr esto, los inodoros se agruparán alrededor de la bajante y a distancia no superior a 1 metro, dotándolos de manguitos de acometida amplios y de cierres seguros y herméticos en las juntas de unión. Al mismo tiempo, para aumentar la velocidad de evacuación, todas las tuberías horizontales (ramales y colectores) llevarán pendiente hacia el desagüe, dispondrán de encuentros suaves y amplia capacidad hidráulica.

Se impedirá la entrada en los locales higiénicos del aire mefítico, procedente del interior de las tuberías que integran la red. Para ello, se instalará en cada aparato sanitario un cierre hidráulico asegurado por sifones individuales, botes sifónicos, etc, que mantendrá un mínimo de 5 cm de altura de agua. Este cierre perdurará, aún en presencia de los sifonamientos de la red, empleando un eficaz sistema de ventilación.

Se mantendrá una estanqueidad total de la red, en todos sus puntos, consiguiendo un sellado elástico en las juntas y uniones, que admita los movimientos de la red. Esta estanqueidad se referirá no solamente al agua, sino también a los gases para evitar malos olores.

Se impedirá que interiormente queden residuos retenidos, que puedan llegar a ser principios de obstrucciones, para lo cual, todos los materiales y elementos que forman la red deberán tener una gran lisura interna, y las uniones, empalmes, injertos, etc., se harán procurando una unión a tope, sin escalones ni resaltos.

Se logrará un trazado de la instalación que permita una accesibilidad total de la red, fundamentalmente en los puntos conflictivos (cambios de dirección, inflexiones, etc.), disponiendo en tales puntos un sistema de registro que en un momento dado permita el acceso de los elementos o útiles de limpieza, huyendo dentro de lo posible de los empotramientos.

Se tendrá independencia total de la red con los elementos estructurales del edificio, para impedir que los movimientos relativos de unos y otros se afecten entre sí, lo cual siempre terminaría por romper los elementos de la red o perder la hermeticidad.

Se realizará una sujeción correcta de todos los materiales que integran la red, fundamentalmente las tuberías.

Se impedirá la comunicación directa de esta red con la de aguas limpias. Se eliminarán los excesos de grasas y fangos antes de su vertido a la red de colectores.

No se deben instalar dos sifones en serie, porque la bolsa de aire que se formaría en la tubería de conexión entre los dos dificultaría o, incluso, impediría el fluir del agua hacia la red de desagüe.

URBANIZACIONES, POZOS, ARQUETAS

Una arqueta es un pequeño depósito utilizado para recibir, enlazar y distribuir canalizaciones subterráneas; suelen estar enterradas y tienen una tapa superior para evitar accidentes y poder limpiar su interior de impurezas.

Se utilizan en redes de saneamiento, de agua potable y de regadío, pudiendo albergar las llaves de corte de redes enterradas. También se utilizan en redes de distribución de electricidad y otros servicios cableados, como los de telecomunicaciones.

Arqueta de cables eléctricos.

Se construyen de ladrillo, revocadas y fratasadas con mortero de cemento interiormente; también pueden ser prefabricadas en hormigón o en materiales plásticos.

Tipos de arquetas:

- Arquetas a pie de bajante: Enlazarán las bajantes con los colectores enterrados. Su disposición será tal que reciba la bajante lateralmente sobre un dado de hormigón, estando el tubo de entrada orientado hacia la salida. El fondo de la arqueta tendrá pendiente hacia la salida, para su rápida evacuación.

- Arquetas de paso: Se utilizarán para registro de la red enterrada de colectores cuando se produzcan encuentros, cambios de sección, de dirección o de pendiente. En su interior se colocará un semitubo para dar orientación a los colectores hacia el tubo de salida.

  Sólo puede acometer un colector por cada cara de la arqueta, de tal forma que el ángulo formado por el colector y la salida sea mayor que 90°.

  Al final de la instalación y antes de la acometida debe disponerse el pozo general del edificio.

  Cuando la diferencia entre la cota del extremo final de la instalación y la del punto de acometida sea mayor que 1 m, debe disponerse un pozo de resalto como elemento de conexión de la red interior de evacuación y de la red exterior de alcantarillado o los sistemas de depuración.

- Arquetas sumidero: Sirven para la recogida de aguas de lluvia, escorrentías, riegos, etc., por debajo de la cota del terreno, teniendo su entrada por la parte superior (rejilla) y la salida horizontal. Llevarán en su fondo pendiente hacia la salida y la rejilla será desmontable, limitando su medida al paso de los cuerpos que puedan arrastrar las aguas. Estas arquetas verterán sus aguas a una arqueta sifónica o separador de grasas y fangos.

- Arquetas sifónicas: Estas arquetas tendrán la entrada más baja que la salida (codo a 90º). A ellas acometerán las arquetas sumidero antes de su conexión con la red de evacuación, de lo contrario saldrían malos olores a través de su rejilla. La cota de cierre oscila entre 8 y 10 cm. En zonas muy secas y en verano precisarán algún vertido periódico, para evitar la total evaporación del agua existente en la arqueta sifónica y, por tanto, evitar la rotura del cierre hidráulico.

El pozo de registro se ubicará en el interior de la propiedad, pudiendo sustituir a la arqueta general. Tendrá un diámetro mínimo de 90 cm y dispondrá de unos patés de bajada hasta el fondo separados 30 cm, así como tapa registrable que permita el paso de un hombre (60 cm de diámetro) para limpieza del mismo.

LO QUE HEMOS APRENDIDO: tema 1

→ Dentro de las instalaciones provisionales de obra se distinguen principalmente; instalaciones para trabajadores (aseos y vestuarios) e instalaciones eléctricas.

→ Las bajantes son conductores verticales que recogen las aguas residuales o pluviales.

→ La instalación colgada son tuberías horizontales con pendiente que recogen el agua de las bajantes y la canalizan hasta el alcantarillado, fosa, pozo, etc.

→ Una arqueta es un pequeño depósito utilizado para recibir, enlazar y distribuir canalizaciones subterráneas; suelen estar enterradas y tienen una tapa superior para evitar accidentes y poder limpiar su interior de impurezas.

☑ MÓDULO ÚNICO TEST 1: Definición de los trabajos

Marcar la respuesta correcta:

1. **Marca la respuesta correcta:**

   - ☐ El pozo de registro sirve como sustituto a la arqueta general.
   - ☐ Las bajantes son conductores horizontales que recogen las aguas en diversas plantas.
   - ☐ La instalación colgada son tuberías verticales sin pendientes que recogen el agua de los bajantes.

2. **Tipos de arquetas:**

   - ☐ Arqueta de camino
   - ☐ Arqueta a pie de bajante
   - ☐ Arqueta sinfónica.

3. **Instalaciones provisionales de obra:**

   - ☐ Instalaciones provisionales para trabajadores (aseos y vestuarios)
   - ☐ Instalaciones eléctricas.
   - ☐ Ambas respuestas son correctas.

4. **En los puntos de consumo, la presión mínima de grifos comunes es de:**

   - ☐ 5 mca.
   - ☐ 10 mca.
   - ☐ 15 mca.

5. **De las siguientes afirmaciones, marca la incorrecta:**

   - ☐ El suministro de agua al local es a través de la conducción de agua que la compañía suministradora posee.
   - ☐ Aguas pluviales, son las procedente de la lluvia o de la nieve. Son aguas sucias.
   - ☐ La tubería de fundición gris en bajantes, colectores y ventilación.

6. **La temperatura de agua caliente sanitaria debe estar comprendida entre:**

   - ☐ 40º y 60º.
   - ☐ 60º y 80º.
   - ☐ 50º y 65º.

7. **Suminístros de la instalación:**

- ☐ Acometida, instalación general y particulares, derivaciones colectivas, sistemas de tratamiento de agua.
- ☐ Instalaciones generales y particulares, sistemas de tratamiento de agua.
- ☐ Acometida, derivaciones colectivas e instalaciones generales.

8. **Las tuberías de agua de consumo humano se señalarán con los colores :**

- ☐ Verde o naranja.
- ☐ Marrón o negro.
- ☐ Verde oscuro o azul.

9. **Las aguas que vierten en la red de evacuación se agrupan en:**

- ☐ Aguas residuales, fecales y pluviales.
- ☐ Aguas fecales.
- ☐ Agua corriente, pluvial, fecales y agua caliente.

10. **Características de los materiales de la red de evacuación, señala la incorrecta:**

- ☐ Resistencia a la abrasión
- ☐ Resistencia a la corrosión
- ☐ Absorción sólo de los ruidos producidos.

TEMA 2

Técnicas preventivas específicas

- Aplicación del plan de seguridad y salud en la tarea concreta. Evaluación de riesgos en el caso de que no exista plan
- Protecciones colectivas (colocación, usos, obligaciones y mantenimiento)
- Protecciones individuales (colocación, usos, obligaciones y mantenimiento)

OBJETIVOS:

- Reconocer los riesgos inherentes a las tareas, equipos de trabajo y áreas de la unidad de obra concreta, así como conocer las técnicas preventivas específicas para aplicación en cada caso.
- Diferenciar entre Plan de Seguridad y Salud y Evaluación de riesgos laborales, y en que ocasiones hay que desarrollar cada uno.
- Diferenciar entre las medidas de protección a tomar de manera colectiva o individual.

APLICACIÓN DEL PLAN DE SEGURIDAD Y SALUD EN LA TAREA CONCRETA. EVALUACIÓN DE RIESGOS EN EL CASO DE QUE NO EXISTA PLAN

La entrada en vigor de la Ley de Prevención de Riesgos Laborales (LPRL) y del Reglamento de los Servicios de Prevención (RSP) en 1997 supuso para el empresario asumir la responsabilidad sobre la obligación de garantizar la seguridad y la salud de los trabajadores, en todos los aspectos relacionados con el trabajo, a través de un plan de prevención.

Se establecía por Ley la obligación del empresario de elaborar una evaluación de riesgos laborales para cada actividad concreta y, a partir de ella, desarrollar una planificación preventiva integrada dentro de la gestión de la empresa.

A su vez, el RD 1627/1997, por el que se establecen disposiciones mínimas de seguridad y salud en las obras de construcción, específica que en aquellas obras de construcción en las que sea necesaria la elaboración de un proyecto visado, el contratista ha de elaborar un documento particular denominado plan de seguridad y salud.

Las actividades de electricidad están contempladas dentro del RD 1627/1997, por lo que es obligatoria la redacción de un proyecto constructivo visado y la elaboración de un documento que regirá las pautas preventivas a considerar en el desarrollo de los trabajos que se denominan Plan de Seguridad y Salud.

El Plan de Seguridad y Salud se define como el documento o conjunto de documentos que, ajustables en el tiempo, coherentes con el proyecto y partiendo de un estudio o estudio básico de seguridad y salud permite desarrollar los trabajos en las debidas condiciones preventivas. El estudio debe ser redactado de forma simultánea al proyecto de ejecución, y en el se definen las medidas preventivas y protecciones técnicas necesarias para controlar los riesgos que no se han podido eliminar, o que no han podido ser evitados mediante la aplicación de las medidas técnicas preventivas.

El Plan de Seguridad y Salud es el instrumento para lograr la identificación de los riesgos que puedan evitarse, evaluación de los riesgos que no puedan eliminarse, correcta planificación de la actividad preventiva con el transcurso de la obra.

Se incluirá toda la información y documentación referida a:

- Los riesgos específicos de cada actividad y los generales de la obra, así como las medidas de prevención y protección que se deben tomar.
- Las protecciones individuales y colectivas que hay que utilizar.
- Las condiciones de seguridad en las instalaciones, maquinaria, equipos y herramientas.
- Las medidas de emergencia, evacuación y primeros auxilios.

El Plan de Seguridad y Salud ha de ser realizado por el contratista de la obra. En el caso de que sean varios contratistas los que intervienen, cada uno de ellos deberá elaborar un Plan de Seguridad y Salud. Los planes serán revisados para detectar y eliminar las posibles contradicciones, interferencias e incompatibilidades entre ellos.

Debe ser aprobado por el coordinador de seguridad y salud antes de dar comienzo los trabajos. Durante el proceso de ejecución de ésta se le pueden incorporar cuantas modificaciones sean necesarias. Además, quienes intervengan en la ejecución de la obra, las personas u órganos con responsabilidades en materia de prevención de las empresas intervinientes en ella y los representantes de los trabajadores podrán presentar por escrito y de forma razonada, sugerencias y alternativas que estimen oportunas (Art. 7.4 de RD 1627/1997).

El Plan de Seguridad y Salud debe estar siempre presente en la obra, y a disposición permanente de quienes intervengan en su ejecución, de las personas u órganos con responsabilidades en materia de prevención de las empresas intervinientes en ella, de los representantes de los trabajadores, de la autoridad laboral y de la dirección facultativa.

PROTECCIONES COLECTIVAS

Al elemento de seguridad que protege simultáneamente a varios trabajadores a un mismo riesgo se les llama protección colectiva.

Protecciones estructurales

- **Marquesinas:** forman un sistema de protección colectiva que se coloca al borde del forjado. Su misión es proteger a los trabajadores o a terceros que se encuentren a nivel de suelo de los golpes o proyecciones producidos por objetos, herramientas o cualquier otro tipo de material proveniente de la obra.

  Este tipo de protección protegerá en las primeras fases de la obra, mientras se levanta la estructura del edificio. Una vez hayan finalizado los trabajos en la estructura del edificio se suele prescindir de ella.

  Pueden ser metálicas o de madera y constan como mínimo de las siguientes partes:

  - Elementos de sujeción, sobre los que descansan los elementos de protección y que dotarán al conjunto de una solidez adecuada. Pueden ser metálicas o de madera.
  - Elementos de protección, sobre los que caerán los objetos, materiales o herramientas desprendidas. Pueden ser asimismo, de madera o de metal.
  - Elementos de anclaje, cuya labor es sujetar la estructura alforzado. Las más habituales son los redondos de acero o los puntales.

- **Barandillas:** son elementos de protección colectiva extensamente utilizados en cualquier obra de construcción. Su colocación es obligatoria en aquellos lugares donde el riesgo de caída de altura supere los 2 metros.

  Consta de los siguientes elementos básicos:

  - Soporte vertical que permite anclar un conjunto al borde del forjado.
  - Una barandilla superior, situada entre 90 cm. Y 1 m.
  - Un listón intermedio situado entre 40 y 50 cm. del forjado, destinado a evitar deslizamientos del cuerpo de cualquier trabajador.
  - Un rodapié, para evitar caída de objetos o herramientas que puedan alcanzar a trabajadores situados en planos inferiores. Ha de tener una altura aproximada de 25 cm.

  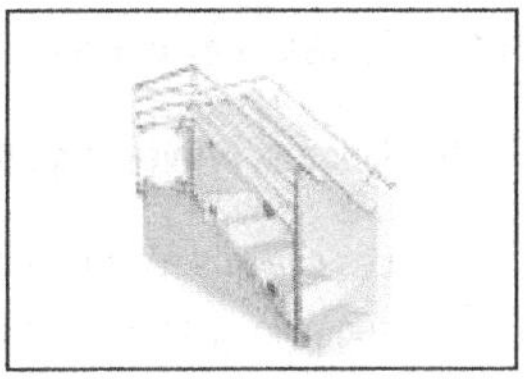

- **Redes de protección:** pueden estar orientadas a cumplir una doble finalidad:

  - Las redes para evitar la caída están destinadas a cubrir los huecos exteriores de las fachadas en fase avanzada de construcción y cuando existen elementos de sustentación en el forjado o en la fachada a los que pueden sujetarse. Son las redes que se utilizan tradicionalmente, para proteger los huecos de balcones o terrazas cuando se llevan a cabo los trabajos de acabado, así como la protección de los bordes de las escaleras en los edificios en los que no se ha colocado la barandilla.

  - Las redes para paliar los efectos de la caída (redes tipo horca) se colocan para cubrir el riesgo de caída en dos plantas sucesivas de un forjado, con una caída máxima de 6 m. Protegerán en aquellos trabajos que haya que realizar en la cubierta o en proximidad al borde del forjado. No evitan la caída pero atenúan claramente sus efectos, por lo que hoy por hoy es pieza imprescindible en toda obra de construcción.

  Debido a que este sistema no evita la caída, debe ir acompañado de otras protecciones colectivas que la eviten, como pueden ser las barandillas o las líneas de vida para oficios como éste, cuyo lugar de trabajo sea en el exterior de la estructura del edificio.

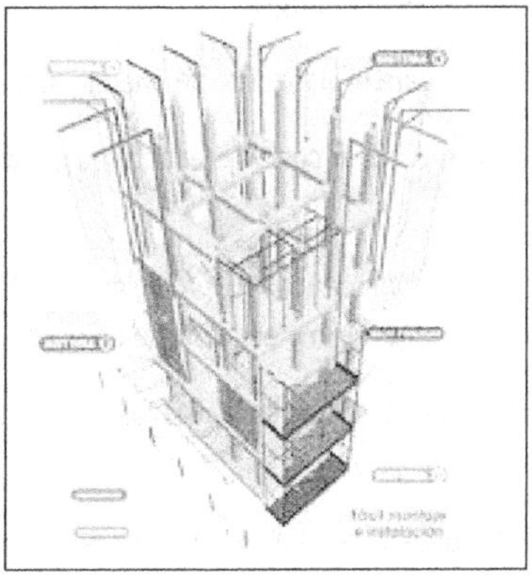

- **El mallazo metálico:** utilizado para la capa de forjado, es usado frecuentemente como protección colectiva en los grandes huecos existentes en él (ascensores, escaleras). Este tipo de elemento, además de proteger contra caídas a distinto nivel, también puede evitar la caída de objetos a otras plantas inferiores.

  Si esta situado en zonas de paso es posible que vaya acompañado por otro tipo de protecciones como son las pasarelas fijadas al forjado o algún tipo de señalización como cintas indicadoras.

Protecciones eléctricas

- **Condiciones preventivas de los cuadros eléctricos.**

  - Los cuadros utilizados en la obra serán metálicos, dotados de su correspondiente puerta y cerradura con llave, según lo dispuesto en la norma UNE-2034.
  - Todas las carcasas de los cuadros deberán disponer de su correspondiente toma de tierra.
    En el caso de encontrarse dos cuadros muy próximos, ambos deberán tener conectadas sus carcasas a una misma toma de tierra, evitando de esta forma la aparición de diferencias de potencial.
  - Si bien los cuadros eléctricos han de ser resistentes a la intemperie, deberán estar dotados de viseras protectoras para el agua.
  - Para colocar los cuadros eléctricos en la obra, se dispondrán colgados sobre paramentos verticales o sobre pies derechos correctamente nivelados y estabilizados.
  - Los elementos de conexión a los cuadros estarán normalizados para poder trabajar a la intemperie.
  - Para realizar labores de montaje o mantenimiento en los cuadros eléctricos, se utilizarán alfombrillas aislantes, a la vez que los correspondientes equipos de protección individual.
  - Deberá existir en el cuadro una inscripción que recuerde el peligro ante la presencia de "ELECTRICIDAD".

- **Condiciones preventivas de las tomas de energía.**

  - Las clavijas utilizadas en la obra para el suministro de energía serán siempre macho-hembras.
  - Como medida de seguridad ante posibles contactos eléctricos directos, la tensión estará siempre en la clavija "hembra" y nunca en la "macho".
  - Las clavijas utilizadas estarán normalizadas y protegidas contra contactos eléctricos directos, siendo sustituidas cuando se detecte el más mínimo desperfecto en ellas.
  - Durante las labores de enchufe y desenchufe de las clavijas, se tirará de la misma, y nunca del cable evitando así la rotura de éste.
  - Cada clavija servirá para dar corriente a un elemento receptor de energía, bien sea una máquina, máquina-herramienta o cualquier otro aparato.

- **Condiciones preventivas para las tomas de tierra.**

  - Todos los elementos metálicos, que en un momento dado puedan entrar en tensión por efecto de una derivación, deberán tener su correspondiente toma de tierra.
  - La toma de tierra anteriormente mencionada deberá encontrarse protegida mediante una funda en colores amarillo y verde. .
  - Cuando existan cuadros eléctricos generales distintos, las tomas de tierra serán independientes eléctricamente.
  - En el caso de encontrarse en la obra máquinas-herramientas sin doble aislamiento, su toma de tierra se realizará a través del neutro en combinación con el cuadro de distribución correspondiente y el cuadro general de obra.

- El transformador general de la obra estará dotado de su correspondiente toma de tierra.
- En el terreno donde se encuentra hincada la pica, se mejorará su conductividad vertiendo agua de forma periódica.

- **Condiciones preventivas de los interruptores.**
  - Las cajas de los interruptores deben tener la indicación que advierte de la presencia de electricidad mediante la frase "PELIGRO ELECTRICIDAD".
  - La colocación de las cajas de interruptores ha de garantizar una estabilidad en la misma, bien colocándola sobre "pies derechos" o bien colgándola sobre paramentos verticales.
  - Los interruptores se colocarán en el interior de cajas normalizadas provistas de puerta con cerradura de seguridad.

- **Interruptores diferenciales.**

  Cuando sea necesario suministrar fluido eléctrico a la obra mediante una instalación provisional eléctrica, se emplearán cuadros eléctricos con interruptor diferencial en la cabecera de cada línea de distribución. Dicho interruptor estará calibrado para la carga a soportar y tendrá sensibilidad igual a 30 mA para la distribución de alumbrado y 300 mA para fuerza.

Protecciones en máquinas

Estas medidas que las máquinas no están obligadas a incluir, se pueden desglosar en varios grupos dependiendo de la forma en que ofrecen la protección. Así se puede encontrar:

- Resguardos o carcasas de protección: este tipo de protección se emplea en aquellas máquinas que, por tener un riesgo por atrapamiento o corte entre sus partes mecánicas, requieren que el acceso a esas partes peligrosas sea anulado y solo se puede realizar en condiciones de seguridad. Estas protecciones son cubriciones metálicas o plásticas, que protegen los elementos móviles de al máquina.

- Dispositivos acústicos: esta protección puede avisar de varias situaciones de riesgo, como cuando te indica movimiento de maquinaría pesada, marcha atrás, mal funcionamiento de una máquina, etc.
  Normalmente este aviso se realiza mediante una sirena sonora de gran volumen que ante la situación de peligro se activa. Conste tipo de protección podremos evitar, entre otros, los riesgos de golpes, atrapamiento o atropellos con vehículos.

- Dispositivos de parada de emergencia: se instalan en todas aquellas máquinas en las que existan peligros de tipo mecánico durante las condiciones normales de trabajo. Su función es parar una máquina en cuanto aparece una situación de peligro durante el funcionamiento de dicha máquina que pueda repercutir negativamente, ya sea en el operario, o bien, en la propia máquina.
  Se pueden englobar en estos dispositivos todos aquellos que no permiten que una máquina inicie su movimiento si no se da una serie de condiciones de seguridad.
  Entre estos dispositivos nos encontramos las setas de parada de emergencia, los dobles mandos de activación, las barreras protectoras, etc.

- Dispositivos luminosos: estos dispositivos funcionan de forma análoga a los dispositivos sonoros, con la diferencia de que el aviso se realiza mediante una señal luminosa. Esta protección es muy utilizada en aquellas máquinas o tajos en los que el nivel de ruido es muy elevado y una señal sonora no sería audible; también se utiliza como complemento de los dispositivos acústicos.

Estos dispositivos de seguridad se deberán mantener en perfecto estado, revisándolos periódicamente y nunca se debe anular, bajo ningún concepto.

Señalización

La señalización es la técnica que suministra una indicación relativa a la seguridad de personas y/o bienes.

La correcta señalización resulta eficaz como técnica de seguridad complementaria, pero no debe olvidarse que, por si misma, nunca elimina el riesgo.

¿Cuándo se debe aplicar?

- Cuando no se puede eliminar el riesgo en el proyecto
- Cuando no se puede proteger mediante sistemas de protección colectiva
- Cuando no se puede proteger al trabajador mediante equipos de protección individual
- Como complemento al resto de actuaciones preventivas

Objetivos:

- Llamar la atención sobre los riesgos con el fin de que no se materialice en accidentes
- Alertar a los trabajadores cuando se produzcan situaciones de emergencia que requieran medidas urgentes de protección o evacuación.
- Facilitar a los trabajadores la localización e identificación de los medios e instalaciones de protección, evacuación, emergencia o primeros auxilios.
- Orientar o guiar a los trabajadores que realizan determinadas maniobras peligrosas.

Las señales de seguridad son aquellas que resultan de la combinación de una forma geométrica, un color (color de seguridad) y un símbolo o pictograma.

Según el significado de la señal se pueden clasificar en:

- **Prohibición:** prohíbe un comportamiento que pueda producir un peligro
- **Obligación:** señal que obliga a un comportamiento determinado
- **Advertencia:** advierte de un riesgo o peligro
- **Salvamento:** indicación relativa a salidas de socorro o primeros auxilios, o a los dispositivos de salvamento
- **Indicación:** proporciona informaciones distintas a las anteriormente indicadas
- Señal **adicional o auxiliar:** contiene exclusivamente un texto y se utiliza conjuntamente con una de las señales de seguridad mencionadas anteriormente.

	COLOR DE SEGURIDAD: SIGNIFICADO Y APLICACIONES	
COLOR DE SEGURIDAD	**SIGNIFICADO**	**APLICACIONES**
ROJO	Parada Prohibición Lucha contra incendios	Señales de parada Señales de prohibición Dispositivos de desconexión En los equipos de lucha contra incendios: señalización y localización.
AMARILLO	Atención Zona de peligro	Señalización de riesgos Señalización de umbrales, pasillos de poca altura, obstáculos, etc.
VERDE	Situación de seguridad Primeros auxilios	Señalización de pasillos y salidas de socorro Rociadores de socorro Puesto de primeros auxilios y salvamento
AZUL	Obligación Indicaciones	Obligación de usar protección personal Emplazamiento de teléfono, talleres, etc.

En toda obra de construcción, se deberá colocar en la entrada al recinto, un panel con la señalización obligatoria por encontrarnos simplemente en un lugar de trabajo dedicado al sector de la construcción. Está señales serán como mínimo: peligro en general, peligro carga suspendida, entrada prohibida a personas no autorizadas, uso obligatorio de casco y botas. Tampoco es aconsejable colocar demasiadas señales (concurrencia de señalización) porque se pierden la eficacia de la señalización. Es más aconsejable que se coloquen en los lugares donde sean necesarios por la realización de esos trabajos (ejm- uso de gafas de protección: donde se realicen trabajos de cortes de material por ejemplo). También es aconsejable dejar en el panel informativo un espacio en blanco por si es necesario escribir alguna información temporal.

PROTECCIONES INDIVIDUALES

La protección personal tiene por objeto proteger al trabajador frente a agresiones externas de tipo físico, químico o biológico, que existen y se generan en el desempeño de una actividad laboral determinada.

La protección personal es la última barrera entre el hombre y el riesgo, empleada frente a situaciones de riesgo que atentan contra la salud del trabajador. Debe considerarse como una técnica complementaria de la protección colectiva y nunca una técnica sustitutoria de esa protección colectiva, ya que esta última, se diseña y aplica, con el fin de eliminar la situación de riesgo, mientras que la protección personal no tiene nunca por finalidad eliminar, ni siquiera disminuir, la situación de riesgo, sólo pretende eliminar, o en su defecto mitigar, las consecuencias que para la salud del trabajador se derivan de la situación de riesgo.

La protección individual no evita el accidente, es decir, **no elimina los riesgos**, sino que **sólo sirve para minimizar las consecuencias**.

En trabajos de fontanería se utilizarán los siguientes Epi´s:

- Ropa de trabajo
- Casco de seguridad, CAT. II
- Gafas antiproyecciones
- Guantes de precisión en piel curtida al cromo
- Proyectores antirruido, CAT. II
- Gafas antiimpacto, clase D
- Botas de seguridad, clase II
- Cinturón de seguridad anticaída con arnés, CAT. III
- Traje de agua
- Bolsa portaherramientas.

LO QUE HEMOS APRENDIDO: tema 2

→ Cada contratista presenta en una obra de construcción que requiera proyecto debe elaborar obligatoriamente un Plan de Seguridad y Salud.

→ El encargado de aprobar el Plan de Seguridad y Salud será el coordinador de seguridad y salud en fase de ejecución de obra.

→ Las personas con responsabilidad en materia de prevención, los representantes de los trabajadores y quienes intervengan en la obra puedan aportar sugerencias y alternativas.

→ El Plan de Seguridad y salud estará siempre en la obra a disposición de quien lo necesite consultar.

→ La evaluación de riesgos, que es requerida en todas las empresas y obras de construcción que no requieren proyecto estima la magnitud de aquellos riesgos que no se han podido evitar.

→ La presencia de otros oficios en la obra, junto con la maquinaría y herramientas que utilizan, hacen que estemos expuestos a más riesgos que los propios del oficio.

→ Los dispositivos de seguridad de cualquier máquina o herramienta no se deben anular bajo ningún concepto.

→ Las existencias de señales de seguridad es un complemento a otras medidas de protección colectiva, nunca un sustitutivo de estas.

→ La protección personal no evita el accidente, es decir, no elimina los riesgos, sino que sólo sirve para minimizar los riesgos.

☑ MÓDULO ÚNICO TEST 2: Técnicas preventivas específicas

Marcar la respuesta correcta:

1. **¿Quién debe realizar el Plan de Seguridad y salud?**

- ☐ El promotor
- ☐ El subcontratista
- ☐ El contratista

2. **El Plan de Seguridad y salud debe ser aprobado por:**

- ☐ Coordinador de seguridad y obra
- ☐ Promotora
- ☐ Técnico de Superior de prevención de riesgos.

3. **Respecto a la selección y utilización de los EPI´s, los empresarios tendrán la obligación de...**

- ☐ Proporcionar gratuitamente a los trabajadores los epi´s que deben utilizar, reponiéndolos cuando resulte necesario.
- ☐ Velar por la utilización de los equipos y asegurar que su mantenimiento se realiza de manera adecuada.
- ☐ Todas las respuestas son correctas.

4. **Determina cuál es la afirmación correcta:**

- ☐ Debe ponderar la protección individual sobre la colectiva.
- ☐ La protección colectiva es aquella que elimina el riesgo en su origen.
- ☐ La protección colectiva no puede eliminar el riesgo en su origen puesto que busca un resultado para cada individuo.

5. **De los siguientes elementos de protección, cuál hace referencia a la protección colectiva:**

- ☐ Mascarillas
- ☐ Redes verticales
- ☐ Cinturón de seguridad

6. **¿Cuándo debemos recurrir a la protección individual?**

- ☐ Se recurre a la protección individual cuando la protección colectiva no es suficiente para reducir o eliminar el riesgo.
- ☐ Se recurre a la protección colectiva cuando la protección individual no es suficiente para reducir o eliminar el riesgo.
- ☐ Se recurre a la protección individual en todo caso.

7. **De las siguientes expresiones, señala la más adecuada**

- ☐ La protección personal no solamente evita el accidente sino que además elimina cualquier riesgo de seguridad al trabajador.
- ☐ Siempre se debe anteponer la protección colectiva a la protección individual.
- ☐ La protección personal se debe usar cuando previamente ha ocurrido un accidente, para evitar posteriores.

8. **Objetivos de la señalización:**

- ☐ Llamar la atención sobre los riesgos con el fin de que no se materialice en accidentes.
- ☐ Facilitar a los trabajadores la localización e identificación de los medios e instalaciones de protección, evacuación, emergencia o primeros auxilios.
- ☐ Ambas opciones son correctas.

9. **Según el significado de la señal se pueden clasificar en:**

- ☐ Prohibición, advertencia y obligación.
- ☐ Prohibición, obligación, advertencia, salvamento e indicación.
- ☐ Prohibición, obligación, advertencia, socorro e indicación.

10. **Para que la señales nos indiquen una obligación o indicación, deberá ser de color:**

- ☐ Amarillo
- ☐ Azul
- ☐ Verde

TEMA 3

Medios auxiliares, equipos y herramientas

- Equipos portátiles y herramientas
- Equipos de soldadura
- Andamios
- Pequeño material

OBJETIVOS:

- Conocer los diferentes medios auxiliares, equipos y herramientas con los que contamos para diferentes trabajos.
- Distinguir cual es el medio más propicio para o en cada trabajo y conocer los riesgos que conlleva la utilización de los mismos.
- Conocer las condiciones óptimas de seguridad y uso de las herramientas de trabajo.

EQUIPOS PORTÁTILES Y HERRAMIENTAS

Los riesgos que pueden aparecer en el uso de pequeñas herramientas manuales que se utilizarán prácticamente en la mayoría de los trabajos: destornilladores, alicates, cuchillos, sierras, tenazas, martillos, paletas, etc. Herramientas que no necesita de otra energía, que no sea el esfuerzo humano para ser accionadas.

Los **riesgos** más comunes son:

- Golpes y cortes en manos ocasionados por las propias herramientas durante el trabajo.
- Lesiones oculares por partículas de los objetos que se trabajan y/o de la propia herramienta.
- Golpes en diferentes partes del cuerpo por despido de la propia herramienta o del material con el que se trabaja.
- Esguinces por sobreesfuerzos o gestos violentos.
- Lesiones varias por utilización incorrecta de la herramienta.

Las medidas generales de prevención que deben adoptarse son las siguientes:

- Las herramientas manuales se utilizarán en aquellas tareas para las que fueron concebidas.
- Antes de su uso se revisarán, desechándose aquellas que no se encuentren en buen estado de conservación.
- Se mantendrán limpias de aceite, grasas y otras sustancias deslizantes.
- Se colocarán y depositarán en portaherramientas o estanterías adecuadas para evitar caídas y posibles cortes y golpes.
- No se depositarán en el suelo de cualquier manera.
- Los trabajadores deben ser adiestrados en el recto uso de las herramientas.
- No lanzarán las herramientas, sino que se entregarán en la mano.

Manejo de llaves y destornilladores

- No se llevarán las llaves y destornilladores sueltos en el bolsillo, sino en fundas adecuadas
- No sujetar con la mano la pieza en la que se va a atornillar.
- No se emplearán cuchillos o medios improvisados para sacar o introducir tornillos.
- No utilizar las llaves para martillear, remachar o como palanca.
- No empujar nunca una llave, sino tirar de ella.
- Emplear la llave adecuada a cada tuerca, no introducir nunca cuñas para ajustarla.
- Para el uso de llaves y destornilladores utilizar guantes de tacto.
- Para romper, golpear y arrancar virutas de mecanizado, utilizar gafas anti-impactos.

Manejo de herramientas punzantes (cinceles, punteros)

- En cinceles y punteros comprobar las cabezas antes de comenzar a trabajar y desechar aquellos que presenten rebajas, rajas o fisuras.

- Para un buen funcionamiento, deberán estar bien afiladas y sin rebabas.
- No cincelar, taladrar, marcar, etc. nunca hacia uno mismo ni hacia otras personas. Deberá hacerse hacia fuera y procurando que nadie esté en la dirección del cincel.
- No se emplearán nunca los cinceles y punteros para aflojar tuercas.
- El vástago será lo suficientemente largo como para poder cogerlo cómodamente con la mano, o bien, utilizar un soporte para sujetar la herramienta.
- No mover el cincel hacia los lados para así agrandar un agujero, ya que podría partirse y proyectar esquirlas.
- Por tratarse de herramientas templadas no conviene que cojan temperatura con el trabajo ya que se tornan quebradizas y frágiles. En el afilado de este tipo de herramientas se tendrá presente este aspecto, debiéndose adoptar precauciones frente a los desprendimientos de partículas y esquirlas.
- Deben emplearse gafas anti-impactos de seguridad, homologadas para impedir que esquirlas y trozos desprendidos de material puedan dañar la vista.
- Se dispondrán de pantallas faciales protectoras abatibles, si se trabaja en la proximidad de otros operarios.
- Utilización de protectores de goma maciza para asir la herramienta y absorber el impacto fallido.

Manejo de herramientas de percusión

- Rechazar toda herramienta con el mango defectuoso.
- No tratar de arreglar un mango rajado, sustituirlo por uno nuevo.
- La maceta se usará exclusivamente para golpear y siempre con la cabeza.
- Las aristas de la cabeza han de ser ligeramente romas
- Empleo de prendas de protección adecuada, especialmente gafas de seguridad o pantallas faciales de rejilla metálica o policarbonato.
- Las pantallas faciales serán preceptivas si en las inmediaciones se encuentran otros operarios trabajando.

Manejo de herramientas de corte

- Los dientes de las sierras deberán estar bien afilados y triscados.
- La hoja deberá estar bien templada (sin recalentamiento) y correctamente tensada.
- Cada tipo de sierra sólo se empleará en la aplicación específica para la que ha sido diseñada.
- En el empleo de alicates y tenazas, para cortar alambre, se girará la herramienta en plano perpendicular al alambre, sujetando uno de los lados y no imprimiendo movimientos laterales.
- No emplear este tipo de herramientas para golpear.
- En trabajos de corte en que los recortes sean pequeños, es obligatorio el uso de gafas de protección contra proyección de partículas.
- Si la pieza a cortar es de gran volumen, se deberá planificar el corte de forma que el abatimiento no alcance al operario o sus compañeros.
- En el afilado de éstas herramientas, sino que se entregarán en la mano.

Maquinaria - herramientas manuales eléctricas

- Las máquinas - herramientas eléctricas a utilizar estarán protegidas eléctricamente mediante doble aislamiento.
- Los motores eléctricos de las máquinas - herramientas estarán protegidos por carcasa y resguardos propios de cada aparato, para evitar los riesgos de atrapamientos, o de contacto con la energía eléctrica.
- Se prohíbe realizar reparaciones o manipulaciones en la maquinaria accionada por transmisiones por correas en marcha.
- Se prohíbe el uso de máquinas - herramientas al personal no autorizado para evitar accidentes por impericia.
- Las conexiones eléctricas de todas las máquinas - herramientas a utilizar mediante clemas, estarán siempre protegidas con su correspondiente carcasa anticontatcos eléctricos.
- Tomar precauciones y evitar esta situación en especial en presencia de grupos de soldadura eléctrica.
- Se prohíbe la utilización de herramientas accionadas mediante combustibles líquidos en lugares cerrados o con ventilación insuficiente, para prevenir el riesgo por trabajar en el interior de atmósferas tóxicas.
- Los tambores de enrollamiento de los cables de la pequeña maquinaria, estarán protegidos mediante un bastidor soporte de una malla metálica de las espiras, impida el atrapamiento de las personas o cosas.
- Las máquinas - herramientas con capacidad de corte, tendrán el disco protegido mediante una carcasa antiproyeciones.

EQUIPOS DE SOLDADURA

Soldadura oxiacetilénica y de corte

- Antes de iniciar el proceso de soldadura se comprobará si todos los materiales inflamables están alejados o protegerlos de las chispas con pantallas. Tener un extintor a mano.
- Las botellas se protegerán convenientemente contra las variaciones excesivas de temperatura y de los rayos directos del sol y la válvula de la botella contra la humedad.

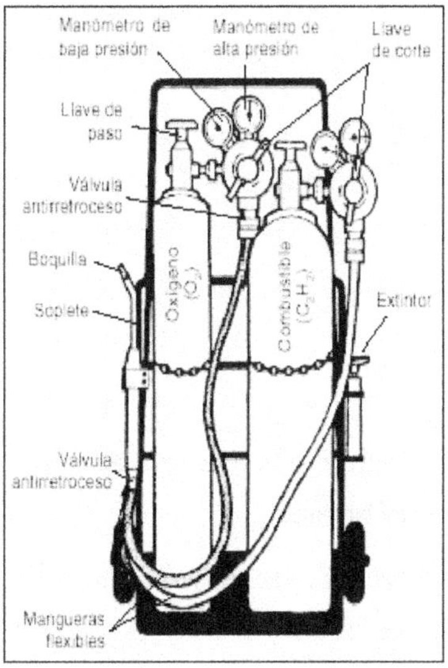

- Nunca se descongelarán las válvulas con llama; esta operación debe hacerse con vapor o agua caliente.
- Si en invierno se hiela el manorreductor, no debe nunca deshacerse con el soplete ni con cualquier otra llama descubierta o cuerpo incandescente, sino con paños de agua caliente.
- El equipo oxiacetilénico llevará válvulas de seguridad contra retrocesos en botellas y en soplete.
- Las botellas deberán estar aisladas de cualquier contacto eléctrico.
- Cuando se vayan a abrir las válvulas de las botellas, no hay que colocarse nunca frente a las mismas.
- Antes de transportar cualquier botella deberá comprobarse que la válvula está cerrada y el tapón colocado.
- Las conexiones y uniones de mangueras flexibles se harán con abrazaderas, nunca con alambres.
- Cuando se efectúen trabajos de soldadura o corte en espacios reducidos, hay que procurar tener una buena ventilación.
- Cuando se efectúen trabajos en lugares elevados, el soldador usará cinturón de seguridad a partir de 2 metros de altura y además tomará precauciones para que las chispas o metal caliente no caigan sobre personas, ni sobre materiales inflamables.
- Debe de existir una distancia mínima de un metro y medio entre el punto de soldadura y los materiales combustibles. Está prohibido soldar a menos de 6 metros de distancia de líquidos inflamables y sustancias explosivas.
- Cuando se tenga que soldar en sitios donde existan combustibles y caigan chispas o metales sobre ellos, se prolongará la vigilancia una hora después de finalizado el trabajo. Dicho lugar debe estar dotado de medios de extinción.
- Antes de abrir las válvulas de las botellas de oxígeno y acetileno, se comprobarán que están cerradas las válvulas del manorreductor.

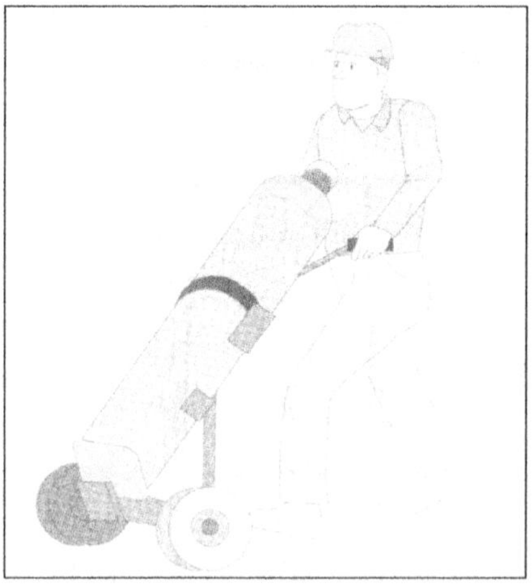

- Las válvulas de las botellas se abrirán lentamente.
- Si durante el trabajo hay necesidad de cambiar de posición o lugar las botellas de oxígeno o acetileno, se cerrarán antes las válvulas de éstas.

- Si alguna válvula de las botellas presenta fugas, retirar la botella de servicio y colocarla al aire libre, lejos del fuego, grasas, aceites o sustancias combustibles.
- La válvula de acetileno no deberá abrirse más de una vuelta y media.
- Antes de comenzar el trabajo, se comprobará que no existen perdidas en las conexiones de las mangueras. Esta prohibido localizar fugas utilizando una llama; debe emplearse agua jabonosa o un detector adecuado.
- Antes de encender el soplete se debe dejar salir el aire o gas que puedan tener las mangueras, abriéndose para ello el soplete.
- Al terminar el trabajo hay que cerrar primero la válvula del soplete, después la de los manorreductores y por último la de las botellas.
- En el caso de interrumpir el trabajo, no deben abandonarse los sopletes dentro de recipientes o espacios cerrados.
- Estará prohibido suspender las botellas mediante las grúas u otros aparatos elevadores, si no se utilizan dispositivos específicos para tal fin (carro especial, etc.)
- Las botellas estarán siempre en posición vertical en el correspondiente carro o bien sujetas.
- Todos los recipientes de gases licuados estarán provistas de correspondiente capuchón roscado.
- Está prohibido estrangular una manguera para detener temporalmente el flujo de gas, por ejemplo: para cambiar un soplete o una boquilla.
- Se debe enrollar cuidadosamente el exceso de manguera. Se debe colocar de manera que no sea pisada, de que esté alejada de chispas, escorias calientes, etc., producidas por la soldadura.
- Deben utilizarse todas las prendas de protección individual exigida para tal función (casco, gafas o pantallas de soldador, guantes de cuero de manga larga, botas de soldador, polainas de cuero y chaqueta de cuero).
- Los manómetros deben encontrarse en buenas condiciones de uso. Si se comprueba rotura, deterioro o que la lectura no ofrece fiabilidad, deberán ser sustituidos de inmediato.

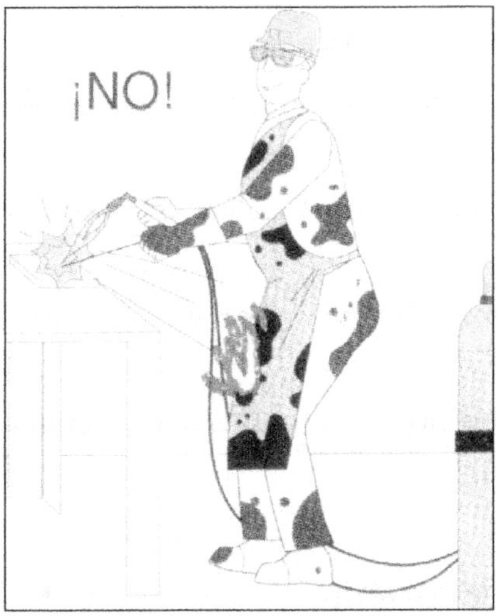

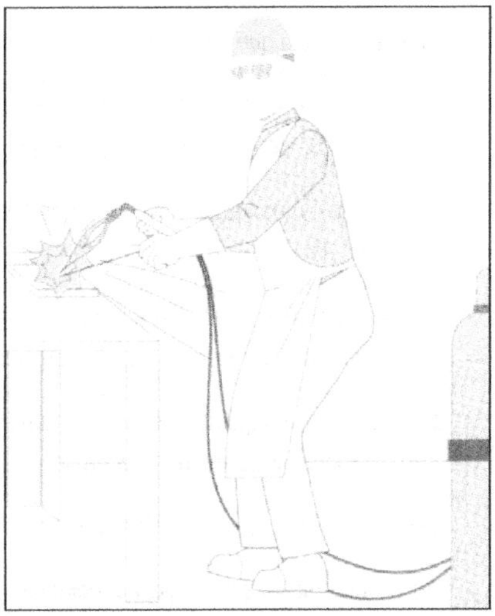

- Se revisará periódicamente el estado de las mangueras, eliminando las que se encuentren agrietadas exteriormente.
- Para trabajar en recipientes que hayan contenido sustancias inflamables o explosivas, se debe proceder previamente a una limpieza con agua caliente, y a un desgasificado con vapor de agua.
- Las botellas que contienen distintos gases combustibles deben almacenarse separadas entre sí, sobre todo las de oxígeno. No deben almacenarse botellas llenas junto a botellas vacías. Las botellas deben estar sujetas a bastidores o carros y protegidas de los rayos del sol.
- No usar botellas de combustibles teniendo la boca de salida más baja que el fondo, o sea, volcada, por el contrario se pondrán verticales con la boca hacia arriba y sujetas con collarines que garanticen su posición, evitando su caída.
- Se prohíbe golpear las botellas de gases. No se dejarán caer, ni arrastrarán, ni sufrirán choques violentos.
- Conectar adecuadamente las mangueras. Las de acetileno suelen ser negras, y las de oxígeno rojas, teniendo éstas últimas menor diámetro interior que las primeras.
- Las botellas de oxígeno no se manipularán con guantes o manos grasientas.
- Los equipos que permitan el paso de oxígeno no se ensuciarán con materia orgánica combustible, para lo cuál se tendrá que tener mucho cuidado en ello y queda absolutamente prohibido engrasarlos.
- Los sopletes no se golpearán ni se colgarán de los manorredutores de modo que puedan golpearse con las botellas.
- Las averías en los grifos de las botellas deberán ser arregladas por el suministrador. No desmontar jamás los grifos.
- Cualquier componente del equipo, se cambiará por otro en condiciones.
- Se exigirá que las botellas se entreguen con las caperuzas puestas y con las bandas de pintura que las identifique limpias.
- La válvula de la botella no se operará después de quitado el tapón. Siempre se abrirá con sumo cuidado y lentamente para evitar averías en el resto de conducción.
- La botella vacía que se devuelve se hará con el tapón puesto y la caperuza fijada.
- En el caso de incendiarse una botella de acetileno, no se deberá extinguir el fuego doblando y oprimiendo la manguera. Se cerrará la llave de la botella.
- Las botellas y mangueras se colocarán fuera de zonas de paso, de manera que no estorben ni se vean dañadas por la circulación.
- Las mangueras no deberán atravesar un camino o un pasillo de tránsito, sin estar debidamente protegidas con apoyos de paso resistentes a la compresión.
- Las botellas y mangueras deben estar en sitio donde no puedan recibir chispas de oxicorte o soldadura o cualquier otro cuerpo incandescente, encendido y caliente.
- No colgar nunca el soplete en la botella, ni aún apagado.
- Se deberán señalizar las piezas recién soldadas pera evitar quemaduras.

- Cuando sea posible, se usará cortinas o mampara que aíslen el punto donde se esté cortando o soldando.
- Cuando haya que trabajar dentro de cámaras o similares deberá haber una persona en el exterior para cerrar las botellas inmediatamente en caso de accidentes y además se dispondrá de extintores cercanos.
- Toda instalación de soldadura autógena deberá llevar aparatos de seguridad (válvulas antirretorno), que eviten el retroceso del gas o de la llama.

Soldadura eléctrica

- Las masas de cada aparato de soldadura se dotarán de puestas a tierra.
- Los motos-generadores, los rectificadores y los transformadores utilizados en la soldadura por arco, sea para soldar o para cortar juntamente con los conductores de alimentación, estarán protegidos de la posibilidad de contacto con partes que lo estén a la tensión de alimentación.
- La superficie exterior de los portalectrodos a mano y los bornes de conexión para circuitos de alimentación de los aparatos de soldadura, deberán estar cuidadosamente dimensionados y aislados.
- En lugares húmedos trabajar sobre una base de madera seca o material no conductor.
- No tocar la pinza y apoyarse en la mesa al mismo tiempo.
- La pinza portaelectrodos se mantendrá siempre en buen estado y cerca de donde se esté soldando.
- Antes de efectuar cambios de intensidad, desconecte el equipo.
- En ningún caso la tensión en vacío entre el electrodo y la pieza superará los 90 voltios en corriente alterna y los 150 voltios en corriente continua.
- Se tendrán presente, antes de soldar en locales cerrados si existe concentración de gases o polvo con el siguiente peligro de explosión. En este caso, no soldar hasta que a través de un sistema de ventilación se haya saneado el local.
- No introducir el portaelectrodos en agua para enfriarlo, puede causar un accidente eléctrico.
- Las conexiones con la máquina tendrán las protecciones necesarias y como mínimo disyuntor diferencial, así como una buena toma de tierra.

- Las máquinas para soldadura por arco eléctrico se situarán lejos del sitio de la operación y también de hornos de otras fuentes de calor.
- Siempre que se suele con arco eléctrico, se utilizarán medios adecuados para aislar al personal de la radiación lumínica.
- El soldador debe revisar el aislamiento de los cables eléctricos al comenzar la jornada, desechando los que no están en perfecto estado.
- Si los terminales o el interruptor están en mal estado, deben ponerse inmediatamente en conocimiento de su superior más inmediato.
- El cable de masa se conectará directamente sobre la pieza a soldar (o lo más cerca que sea posible), poniendo especial cuidado en su correcta conexión y usando grapas adecuadas.
- No deberán dejarse conectadas las máquinas de soldar, al suspender el trabajo o durante la comida.
- El equipo de protección individual serán el siguiente:
    - Pantalla o gafas de protección de la cara y los ojos (radiaciones y proyecciones de partículas).
    - Guantes de cuero de manga larga.
    - Mandil de cuero.
    - Polainas de apertura rápida, con los pantalones por encima.
    - Calzado de seguridad de apertura rápida, a poder ser aislantes.
    - Casco de seguridad, cuando el trabajo lo requiera.
- Se comprobará que la pantalla o careta no tiene rendijas que dejen pasar la luz y que el cristal contra radiaciones es el adecuado según la intensidad, diámetro del electrodo y el grosor de la chapa a soldar.
- Para picar la escoria o cepillar la soldadura, se protegerán los ojos con gafas de seguridad o pantallas transparentes. Los ayudantes de los soldadores y aquellos operarios que se encuentren a cortar distancia del soldador, deberán usar también gafas con cristales filtrantes.
- Todas las partes del cuerpo del soldador deberán estar cubiertas para evitar quemaduras en la piel debidas a las radiaciones.
- No deben realizarse trabajos de soldadura lloviendo, o en lugares encharcados, sin la protección eléctrica adecuada.
- En presencia de otros operarios que puedan ser afectados por las radiaciones de soldadura, deberán hacer uso de las debidas cortinas de protección contra radiaciones.

ANDAMIOS

Andamio metálico tubular

Definición: Equipo de trabajo formado por una estructura provisional de fácil montaje y desmontaje, que sirve para el sostén de una plataforma de trabajo, por lo que se facilita así la ejecución de trabajos en lugares de difícil acceso. Las diferentes partes del andamio, deben contar con un factor de seguridad conforme a las normas relativas a este tipo de instalaciones, ajustado a la norma europea HD - 1000. Riesgos:

- Caída de personas a diferente nivel.
- Caída de personas al mismo nivel.
- Caída de objetos por desplome.
- Caída de objetos desprendidos.
- Golpes contra objetos inmóviles.
- Atrapamientos por o entre objetos.
- Sobreesfuerzos.

Normas generales

- Los andamios tienen que proyectarse, montarse y mantenerse de forma que se evite su desplome o su desplazamiento accidental.
- En función de la complejidad del andamio (obligatorio en los casos expuestos en el punto 4.3.3 del RD 2177/2004), hay que elaborar un plan de montaje, de utilización y de desmontaje. Este documento y los cálculos preceptivos tienen que ser realizados por una persona con formación universitaria que la habilite para estas actividades.
- Cuando los andamios dispongan del marcado CE, el plan anterior puede ser sustituido por las instrucciones específicas del fabricante.
- Cuando el andamio se monte fuera de las configuraciones tipo generalmente reconocidas y no se disponga de notas de cálculo, habrá que efectuar un cálculo de resistencia y estabilidad.
- Los elementos de apoyo de un andamio tienen que estar protegidos contra los riesgos de deslizamiento y de desplazamiento.
- Las dimensiones, la forma y la disposición de las plataformas de un andamio tienen que ser las apropiadas al tipo de trabajo, y las cargas tienen que soportar y permitir que se trabaje y se circule por ellas con seguridad.
- Cuando alguna de las partes de un andamio no esté en condiciones de ser utilizada tiene que ser señalizada de acuerdo con el RD 485/1997 y el RD 2177/2004.
- Tener en cuenta las prescripciones de las administraciones públicas competentes en el supuesto de que el andamio afecte a la vía pública: requisitos para el paso de peatones, minusválidos, etc.
- Analizar el tipo de trabajo que se tiene que llevar a cabo sobre el andamio para planificar la distancia al paramento.
- Dibujar previamente la geometría de la estructura para determinar qué medidas de seguridad se han de adoptar.
- Calzar, nivelar y anclar correctamente los andamios apoyados en el suelo.
- Verificar el correcto estado del suelo que ha de acoger el andamio.
- Es necesario comprobar la ausencia de líneas eléctricas. En caso de que su proximidad sea inevitable, debe solicitarse la descarga de la línea a la compañía eléctrica. Si deben realizarse trabajos cerca de líneas eléctricas, es necesario mantener las distancias de seguridad exigidas en el RD 614/2001:

- Zona de peligro o zona de trabajos en tensión: espacio alrededor de los elementos en tensión en el que la presencia de un trabajador desprotegido supone un riesgo grave e inminente de que se produzca un arco eléctrico, o un contacto directo con el elemento en tensión, teniendo en cuenta los gestos o movimientos normales que puede efectuar el trabajador sin desplazarse.

- Zona de proximidad: espacio delimitado alrededor de la zona de peligro desde la que el trabajador puede invadir accidentalmente esta última. Donde no se interponga una barrera física que garantice la protección frente al riesgo eléctrico, la distancia desde el elemento en tensión al límite exterior de esta zona debe ser la indicada en la tabla.

- Avisar a la comunidad de vecinos sobre la instalación del andamio y los posibles problemas que esto puede representar: obstrucción de ventanas, ocupación de balcones, etc.

- Avisar a los responsables de comercios, garajes, talleres, etc. sobre la instalación del andamio y el tiempo estimado de permanencia. Acordar los accesos que se dejan libres.

- En situaciones de viento fuerte o muy fuerte, se tienen que paralizar los trabajos.

- Los diferentes componentes del andamio han de estar libres de oxidaciones y deformaciones que puedan menguar su resistencia.

- Las plataformas deben ser metálicas o de otro material resistente y antideslizante, y deberán tener dispositivos de enclavamiento que eviten el balanceo.

- En las plataformas debe aparecer, con un marca indeleble y visible, la carga máxima admisible.

- Deben evitarse o minimizarse las posturas forzadas y los sobreesfuerzos durante el trabajo.

- Mantener las zonas de trabajo limpias y ordenadas.

- Verificar el buen estado de los elementos de elevación.

Normas de uso y mantenimiento

- Verificar el buen estado de los elementos de elevación.

- Prohibir el montaje de tramos de andamio con elementos no normalizados.

- Utilizar preferiblemente plataformas metálicas.

- El andamio se tiene que montar con todos sus componentes de utilización y seguridad.

- Los módulos para formar las plataformas de los andamios (de una anchura mínima de 60 cm) preferentemente tienen que ser de 30 cm de anchura y fabricados con chapa metálica antideslizante o rejilla soldada a la perfilaría de contorno por cordón continuo. Todos los componentes tienen que ser del mismo fabricante y tienen que tener su marca. Hay que comprobar que todas las piezas estén en buen estado.

- El encargado tiene que controlar que los montadores utilicen un arnés de seguridad contra las caídas, sujeto a los componentes firmes de la estructura u otros elementos externos a la misma.

- Realizar el ascenso o descenso de la plataforma mediante una escalera metálica solidaria o una manual.

- No colocar encima de la plataforma escaleras portátiles ni borriquetas.

- El andamio debe ser inspeccionado por una persona con formación universitaria o un profesional que esté habilitado: antes de ser puesto en servicio, periódicamente y después de cualquier modificación, tras un periodo de no utilización, tras su exposición a la intemperie o cualquier otra circunstancia que haya podido afectar su resistencia o estabilidad. Los resultados de las comprobaciones e inspecciones periódicas deben documentarse.
- El acceso a los andamios se realizará mediante módulos acoplados a los laterales, mediante escaleras integradas entre las plataformas. Les rejillas de acceso deberán estar cerradas cuando no tengan la finalidad de escalera. Sólo se permitirá el acceso desde el edificio, mediante plataformas o pasaderos totalmente protegidos, en los casos justificados en el plan de seguridad y salud o en la evaluación de riesgos.
- No iniciar el nivel de montaje superior sin haber acabado el nivel de partida con todos los elementos de estabilidad.
- Subir los componentes del andamio sujetados con cuerdas con gancho cerrado.

Sistema de montaje

- Los andamios han de estar construidos por tubos o perfiles metálicos según se determine en los planos y cálculos, especificando el número de los mismos, su sección, disposición y separación entre ellos, piezas de unión, arriostrado, anclajes horizontales y apoyos sobre el terreno.
- La estructura tubular se ha de arriostrar con elementos horizontales, verticales y las diagonales que indique el fabricante.
- El encargado tiene que vigilar expresamente el apretado uniforme de las mordazas o rótulas de forma que no quede ningún tornillo flojo que pueda permitir movimientos descontrolados de los tubos.
- Prohibir trabajar en la misma vertical del andamio simultáneamente.
- Hay que colocar topes de madera de 20 x 20 x 2,7 cm bajo los husos del andamio.
- Los husos tienen que respetar el límite de elevación de la hembra.
- Formar plataformas seguras mediante módulos metálicos antideslizantes.
- Los anclajes deben situarse de acuerdo con las indicaciones del estudio técnico, si lo hay. Si no existe, debe colocarse un anclaje por cada 24m2 para andamios sin red y cada 12m2 para andamios con red; además, deben anclarse todos los pies del primer y último nivel.
- Hay que realizar comprobaciones documentales sistemáticamente del correcto estado del equipo de trabajo.
- Hay que prever la zona de paso de los peatones debidamente protegida, iluminada y señalizada, en caso de que el andamio esté situado en la vía pública.

Protecciones colectivas

- Las plataformas de trabajo deben estar protegidas mediante una barandilla metálica de, como mínimo 1m de altura, barra intermedia y rodapié con una altura mínima de 15cm en todo su contorno, con la excepción de los lados que estén a menos de 20 cm de la fachada.
- Proteger la zona de descarga y acopio de los elementos de los andamios.
- Se tiene que restringir el acceso de peatones en torno a la plataforma y se ha de evitar que personal no autorizado manipule el andamio.

- Comprobar que la zona o área que quede justamente debajo de la plataforma de trabajo haya sido delimitada con barandillas de indicación para impedir a cualquier peatón el acceso y permanencia en esta zona.
- Cuando sea necesario, en la base del segundo nivel del andamio se puede montar una visera para recoger objetos desprendidos.
- Utilizar sistemas de montaje que permitan garantizar la seguridad de los montadores.
- Señalizar el andamio con elementos luminosos cuando éste esté ubicado en vías de circulación.

Equipos de protección individual

- Casco.
- Guantes contra agresiones mecánicas.
- Calzado de seguridad.
- Arnés.
- Ropa de trabajo.

Andamios de borriquetas

Se entiende por andamio de borriquetas, a aquella construcción provisional auxiliar utilizada para la ejecución de diferentes trabajos, que permiten el acceso de operarios y materiales, al punto de trabajo o elementos constructivos de las obras formadas por dos borriquetas, de ahí su nombre, sobre las que apoyan plataformas de trabajo, regulables en altura o no.

El andamio de borriquetas, es un elemento auxiliar utilizado básicamente en los trabajos interiores de albañilería y acabados, si bien en algunos casos, también puede recurrirse a él, para algunos trabajos de cerramiento.

Los andamios de borriquetas, podrán ser de madera o metálicos, pudiendo distinguir dos tipos según la altura máxima a alcanzar:

- Andamios de borriquetas sin arriostramiento, que sólo deberán utilizarse hasta una altura máxima de 3 mts. y que a su vez, podrán ser de caballetes, asnillas o bien de borriquetas verticales.

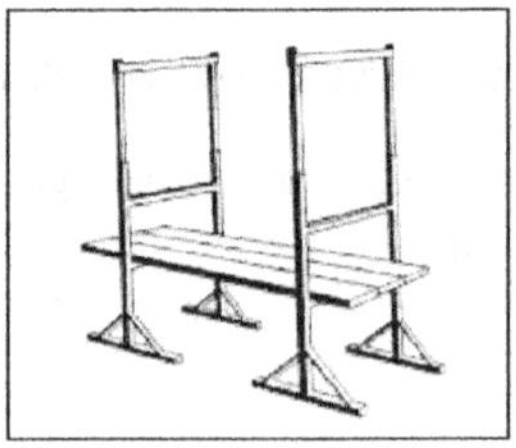

- Andamios de borriquetas armadas, de bastidores móviles arriostrados, que se utilizarán como máximo hasta los 6 mts. de altura.

Composición del andamio

El andamio de borriquetas, está básicamente constituido por soportes, plataformas de trabajo y piezas de arrostramiento.

Soporte:

Es el elemento de apoyo de la plataforma, que podrá ser tal como hemos indicado de madera o metálico, siendo recomendable la utilización de estos últimos, si bien la legislación vigente, en ningún caso prohíbe el uso de los soportes de madera. Cuando se utilicen estas últimas, deberán ser de madera sana, perfectamente encolada y sin oscilaciones, deformaciones y roturas que produzcan riesgos por fallo, rotura espontánea o cimbreo.

Los soportes utilizados, podrán ser caballetes o asnillas en forma de "V" invertida o bien borriquetas verticales, armadas con bastidores fijos o móviles, presentando estas últimas, la ventaja con respecto a las de asnilla, de conseguir mayor altura, pudiendo graduarse ésta, a través del travesaño intermedio móvil o del carácter telescópico del mismo.

Cuando se utilicen borriquetas de caballete metálicas, éstas podrán ser fijas o plegables; si son fijas, deberán disponer de los travesaños adecuados para garantizar su asentamiento y estabilidad, y cuando los caballetes sean plegables, deberán disponer de cadenillas limitadoras de apertura máxima, de tal forma que en todo momento, se garantice su estabilidad. Riesgos Laborales

En cualquier caso, los soportes, se montarán siempre perfectamente nivelados, para evitar riesgos por trabajos en superficies inclinadas.

La distancia máxima recomendable entre dos borriquetas, estará en función del grosor de los tablones de la plataforma de trabajo, de su rigidez, y de las cargas previstas. Como recomendación general, esta distancia entre apoyos, no superará 3,50 m. para plataformas de tabloncillos, (grueso 5cm).

Los soportes serán los adecuados descritos, no debiendo en ningún caso, apoyarse la plataforma de trabajo sobre materiales de construcción como bovedillas, ni bidones o cualquier otro elemento auxiliar no especificado para tal fin.

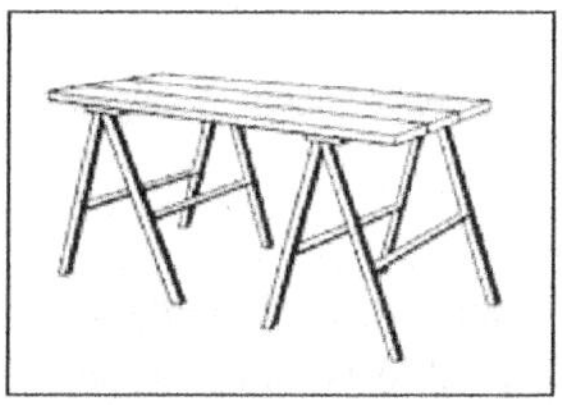

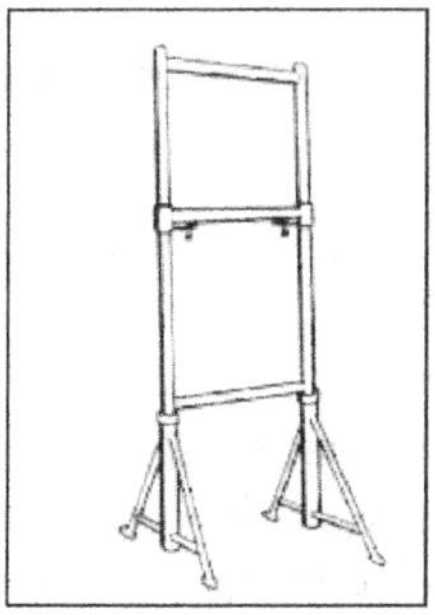

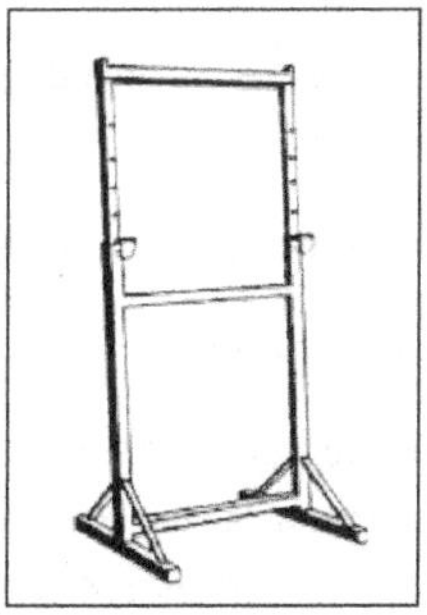

Plataforma de trabajo

La plataforma de trabajo, deberá ser de madera sin defectos o nudos visibles y mantenerse limpia, con el fin de que pueda verse cualquier defecto derivado de su uso. Su anchura mínima será de 60 cm.

Los tablones que componen la plataforma, serán de 5 cm. de espesor como mínimo, recomendándose el uso de los 7 cm. y tendrán la resistencia adecuada al fin al que se destinan. Estos tablones, deberán disponerse perfectamente adosados entre sí, de forma que no dejen huecos o discontinuidades, sujetados al sopor te para que no puedan dar lugar a balanceos, deslizamientos u otros movimientos indeseables.

La plataforma de trabajo, no sobresaldrá en voladizo por el exterior de los apoyos más que lo estrictamente necesario, para sujetarla a las borriquetas, caballetes o elementos de apoyo. Al efecto, se recomienda volar como máximo 20 cm. Por ambos lados y 10 cm. como mínimo.

Arriostramiento

Como hemos indicado anteriormente, cuando los andamios de borriquetas se utilicen a alturas comprendidas entre 3 y 6 mts. deberán disponer de arriostramientos adecuados. Estos arriostramientos, consistirán en crucetas de madera o metálicas tipo "Cruz de San Andrés" que se colocarán por ambos lados.

Barandillas

Cuando las plataformas de trabajo se encuentren a más de dos metros de altura, o cuando estén situadas en zonas, que si bien no exceden de esta altura respecto al piso de apoyo, por su situación, (galerías, voladizos, etc.), posibiliten una caída exterior de más de dos metros, deberán protegerse en todo su contorno con barandillas adecuadas. Estas barandillas de 90 cm. de altura mínima, dispondrán de pasamanos, listón intermedio y rodapié, con una resistencia mínima del conjunto de 150 kg. /m.l.

Las barandillas, se dispondrán en el propio andamio cuando la altura de la plataforma sobre el suelo sea mayor de 2 mts. y se garantice la estabilidad del conjunto ante un eventual apoyo sobre la misma. Cuando la plataforma situada a poca altura, se encuentre en una zona alta que no garantice la estabilidad del conjunto, la barandilla se dispondrá exteriormente mediante barandillas suplementarias, mallazos o redes colocadas entre forjados.

Normas Generales de Seguridad

Las plataformas de trabajo, no deberán sobrecargarse, manteniendo en las mismas sólo el material estrictamente necesario, para la continuidad de los trabajos y repartido uniformemente sobre la misma, a fin de evitar cargas puntuales que mermen la resistencia del conjunto.

Se prohíbe suplementar la plataforma de trabajo con elementos extraños para aumentar su altura, así como la colocación de andamios de borriquetas apoyados a su vez, en otros andamios de borriquetas.

El apoyo de la plataforma de trabajo, deberá realizarse sobre los soportes descritos y no utilizando nunca bovedillas, bloques, bidones, etc.

No deberán emplearse andamios de borriquetas, montados total o parcialmente sobre andamios colgados.

Andamios colgados

Los andamios colgados son construcciones auxiliares suspendidas de cables o sirgas, que se desplazan verticalmente por las fachadas mediante un mecanismo de elevación y descenso accionado manualmente; se utilizan para la realización de numerosos trabajos en altura de cerramientos de fachadas de edificios, revocados, etc., así como reparaciones diversas en trabajos de rehabilitación de edificios.

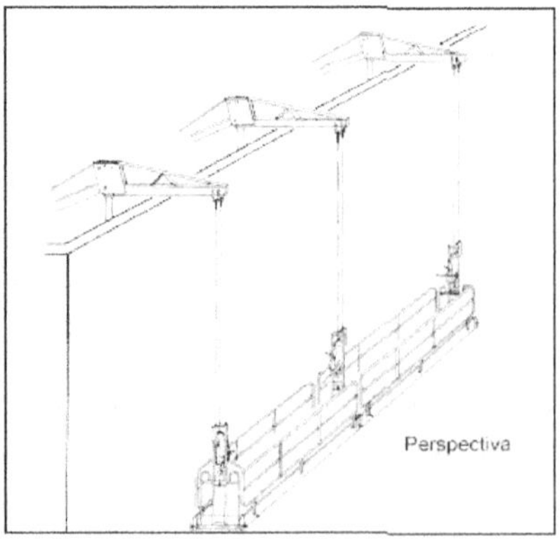

Los elementos principales que constituyen este tipo de andamios son:

- **Plataforma:** estructura formada por un suelo de chapa recubierta antideslizante sobre la que se sitúan la carga y las personas.
- **Pescante:** Elemento situado en el tejado del edificio, en el que se engancha el cable del que se suspende la plataforma. Se compone de pluma, cola y caballete.
- **Aparejo de elevación:** Es un aparato que anclado a la plataforma lleva el mecanismo que lo fija y desplaza a través del cable; lleva otro mecanismo acoplado, que actúa sobre un segundo cable que hace las funciones de cable de seguridad.
- **Cable:** Elemento auxiliar que anclado en el pescante, sirve para que se desplace la plataforma en sentido vertical. Existe un segundo cable que hace las funciones de seguridad como ya se ha indicado antes.

El montaje o utilización del andamio colgado lleva aparejados una serie de riesgos:

- **Basculamiento o caída de la plataforma de trabajo:** Puede ser debido a sobrecarga estática o dinámica, inestabilidad del dispositivo de amarre, resistencia insuficiente de los órganos de suspensión, de maniobra o del dispositivo de amarre, mantenimiento del material inadecuado y fallo del dispositivo anticaídas.
- **Rotura de la plataforma:** Puede tener su origen en sobrecarga estática o dinámica, o en una resistencia insuficiente de los elementos que la componen.
- **Caída de personas a distinto nivel:** Causada por montaje o desmontaje sin las debidas precauciones o por ausencia o ineficacia de las barandillas durante la utilización.
  También puede producirse desde una plataforma provisional elevada instalada sobre el propio andamio al caer por cualquier motivo por encima de las barandillas instaladas o por desplazamiento de la plataforma al acceder o abandonar el andamio cayendo por el hueco existente entre el edificio y el propio andamio, por desplazamiento del andamio al ejercer algún tipo de presión sobre la construcción por parte del trabajador y cayendo por el hueco existente entre el edificio y el propio andamio por falta de anclaje al paramento y por colisión con el andamio de alguna carga que se está elevando.
- **Caída de objetos:** Puede ocurrir sobre el propio andamio desde el edificio en construcción o de materiales que se mueven con la ayuda de un aparato de elevación o desde el andamio sobre personas u objetos situados bajo su vertical.
- **Caídas al mismo nivel:** Pueden producirse por acumulación de objetos sobre la superficie del andamio

PEQUEÑO MATERIAL

Se llaman accesorios de fontanería, además de las canalizaciones, los dispositivos de fijación de las tuberías como ganchos, escarpias, argollas, escudos, juntas de fibra, juntas de caucho para grifos.

- Los ganchos: Son poco utilizados para las canalizaciones de plomo que transportan agua; se emplean más en los tubos de transporte de gas. Son de hierro negro; una extremidad termina en punta y lleva un calcañar sobre el que se golpea para hundirlo; la otra extremidad está curvada en semicírculo con el fin de sujetar el tubo. Existen ganchos diversos según el diámetro utilizado:

- Las escarpias: Los tubos de plomo de alimentación de agua son en general fijados en la pared por escarpias de empotrar. La escarpia es muy parecida al gancho, pero en lugar de la punta que se hunde lleva una pata de empotramiento. Las escarpias son de hierro plano galvanizado.

- Las abrazaderas: Sirven de fijación al cobre. Están compuestas por dos partes semicirculares perforadas por agujeros de presión en cada una de sus extremidades; uno de los agujeros, el que se encuentra en la parte empotrada o atornillada en la pared, está enroscada. Existen abrazaderas preparadas con pasta de empotrar o con una tuerca.

- Los escudos: Con el fin de alejar las abrazaderas de la pared y permitir de esta manera una maniobra de las tuercas de los empalmes, se interpone entre la pared y la abrazadera un pequeño tronco de cono de chapa forjada y perforada de un agujero. El apoyo esconde igualmente el tornillo o el agujero de empotramiento.

- Las juntas de fibra: Apretadas entre la tuerca y la abrazadera, aseguran la hermeticidad de los empalmes. A cada diámetro del tubo corresponde un diámetro de junta.

- Las juntas de caucho: Están destinadas a asegurar el cierre de los grifos. De diferente espesor según el tipo de grifo, van perforadas si el portajuntas lleva una tuerca de fijación; sino se fijan por fuerza en su lugar.

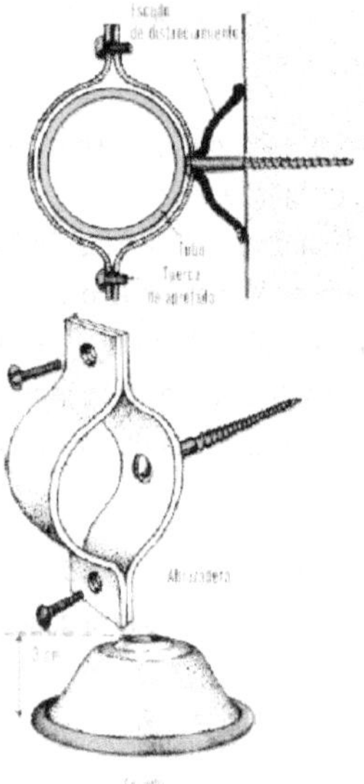

LO QUE HEMOS APRENDIDO: tema 3

→ Las herramientas manuales se utilizarán en aquellas tareas para las que fueron concebidas.

→ Nunca debe instalarse un equipo de oxicorte dentro de un espacio cerrado sin una ventilación adecuada,

→ Los ANDAMIOS son equipos de trabajo formados por una estructura provisional de fácil montaje y desmontaje, que sirve para el sostén de una plataforma de trabajo, por lo que se facilita así la ejecución de trabajos en lugares de difícil acceso (andamios tubulares o de borriqueta).

→ Los andamios debe cumplir con la Norma Europea HD - 1000.

→ Existen también pequeños materiales en trabajos de fontanería como los ganchos, escudos, etc.

☑ MÓDULO ÚNICO TEST 3: Medios auxiliares, equipos y herramientas

Marcar la respuesta correcta:

1. **Denominamos pequeño material a:**

- ☐ Ganchos y escudos.
- ☐ Escarpias y abrazaderas.
- ☐ Ambas son correctas.

2. **Señala la afirmación correcta:**

- ☐ Las herramientas manuales se utilizarán en aquellas tareas para las que fueron concebidas.
- ☐ Los equipos se utilizarán a elección de los operarios.
- ☐ Los equipos de oxicorte se almacenan en lugares cerrados.

3. **Manejo de herramientas de corte:**

- ☐ Los dientes de las sierras será aconsejable que no estén afilados.
- ☐ Cada tipo de sierra sólo se empleará en la aplicación específica para la que ha sido diseñada.
- ☐ Emplear también estas herramientas para golpear.

4. **Manejo de llaves y destornilladores:**

- ☐ Sujetar en la mano la pieza en la que se va a atornillar.
- ☐ Las llaves se llevaron donde más cómodo sea para el usuario.
- ☐ Emplear la llave adecuada a cada tuerca, no introducir nunca cuñas para ajustarla.

5. **Marca cuál es la norma que tienen que cumplir los andamios:**

- ☐ Norma Europea HD - 1000.
- ☐ H. 1000.
- ☐ R.D 1000/1998.

6. **Protecciones colectivas para los andamios tubulares**

- ☐ Proteger la zona de descarga y acopio de los elementos de los andamios.
- ☐ Señalizar el andamio con elementos luminosos.
- ☐ En ocasiones se utilizarán sistemas de montaje.

7. **Andamios borriqueta, se utilizan:**

- ☐ En trabajos interiores de albañilería y acabados.
- ☐ Sirven tanto para trabajos interiores como exteriores indistintamente.
- ☐ Sobre todo, en trabajos de fachadas.

8. **Partes que componen un andamio de borriqueta:**

- ☐ Plataforma y dos objetos de sujeción.
- ☐ Plataforma y barandillas
- ☐ Plataforma, arriostramiento y barandillas

9. **Equipos de soldadura:**

- ☐ Soldadura de oxiacetilénica y de corte.
- ☐ Soldadura eléctrica.
- ☐ Ambas respuestas son correctas.

10. **La soldadura oxiacetilénica y de corte, señala la incorrecta:**

- ☐ Las botellas deberán estar aisladas de cualquier contacto eléctrico.
- ☐ Para abrir las válvulas de las botellas, colocarse en frente.
- ☐ Las botellas estarán siempre en posición vertical en el correspondiente carro o bien sujetas.

TEMA 4

Verificación, identificación y vigilancia del lugar de trabajo y su entorno

- Riesgos y medidas preventivas necesarias
- Conocimientos del entorno del lugar de trabajo y del tránsito por el mimo. Planificación de las tareas desde un punto de vista preventivo.

OBJETIVOS:

- Aplicar los mecanismos para la verificación, identificación y vigilancia del lugar de trabajo y su entorno, como para la planificación de las tareas desde un punto de vista preventivo.
- Identificar que riesgos se derivan de la interferencia entre actividades y aprender los procedimientos de actuación.
- Identificar situaciones y condiciones de trabajo peligrosas. Conocer las medidas de protección que deben tener las instalaciones para evitar accidentes eléctricos.
- Tomar conciencia de la importancia de los procedimientos de trabajo seguros y del uso de equipos de protección ante trabajos de fontanería.

RIESGOS Y MEDIDAS PREVENTIVAS NECESARIAS

Riesgos y medidas preventivas en los trabajos de fontanería y saneamientos

- Caídas al mismo nivel, por falta de orden y limpieza, obstáculos en el suelo, uso de calzado incorrecto, etc.
- Caídas a distinto nivel, desde escaleras de mano o andamios móviles o borriqueta.
- Cortes producidos por máquinas con partes móviles no protegidas como rotaflex, roscadora, afiladora, sierra circular, o por manipulación de superficies peligrosas con bordes metálicos, cuchillas, puntas en el suelo.
- Atrapamiento entre piezas pesadas.
- Explosión (del soplete, botellas de gases licuados, bombonas, etc.)
- Golpes por el movimiento incontrolado de objetos o elementos, caída de herramienta, de materiales, etc.
- Proyección de partículas (polvo, virutas metálicas, astillas,...) con máquinas de corte, afiladora, esmeriladora, taladro.
- Contactos eléctricos directos o indirectos con máquinas eléctricas en malas condiciones de seguridad, enchufes, interruptores, etc.
- Exposición a ruido, causado por utilización de herramientas eléctricas, sierra circular, taladro, roscadora, soplete, dobladora, etc.
- Exposición a radiaciones no ionizantes en operaciones de soldadura.
- Quemaduras por llama de soplete, o contacto con elementos calientes, como tubos, decapadores etc.
- Contacto con manipulación de productos que contienen sustancias peligrosas (decapantes, disolventes, adhesivos, masillas, fibras artificiales), o derivadas del proceso de trabajo, (gases o vapores procedentes de operaciones de soldadura, disolvente, o partículas en suspensión, (polvo metálico, humos de soldadura).
- Riesgo de incendio en las operaciones de soldadura, llama abierta, escape de gas de botellas, etc.
- Riesgo de explosión, como resultado de evaporación de productos disolventes en espacios cerrados, salida incontrolada de gases de los recipientes.
- Sobrecarga física en trabajos realizados manejando cargas (elementos a instalar que compondrán el laboratorio).
- Carga estática, por mantenimiento de posturas forzadas durante largo tiempo, de rodillas, agachado, en espacios reducidos, etc.

Medidas Preventivas:

- Todos los aparatos sanitarios que se coloquen (fregaderos, termos eléctricos, calderetas sifónicas, así como los accesorios complementarios, etc.) se colocarán en lugares establecidos, ordenando las herramientas y útiles de trabajo.
- Se tendrán en cuenta las medidas preventivas que se deriven de la utilización de medios auxiliares como escaleras y andamios.
- Si se utilizan plataformas elevadoras se protegerán por medio de barandillas a 0,90 m listón intermedio y rodapié.

- En prevención de trabajos en posturas forzadas, así como manipulación de cargas pesadas, se formará al trabajador sobre métodos de trabajo que reduzcan estas molestias.
- A la hora de manipular cargas, no se llevarán manualmente cargas voluminosas que no permitan ver de frente o hacia los costados, examinando antes de proceder a la manipulación manual de alguna carga que tenga elementos cortantes, clavos salientes o puntos de atrapamiento.
- Se prohibirán trabajos de soldadura y oxicorte en lugares próximos a otros trabajos en los que se estén manipulando pinturas o pegamentos inflamables, para evitar riesgo de explosión.
- Se tomarán las medidas descritas en cuanto a trabajos de soldadura.
- Se eliminarán y limpiarán los recortes y sobrantes de material para evitar que estos puedan quedar en el suelo y sean pisados por trabajadores.
- Las zonas de trabajo dispondrán de iluminación suficiente y de forma que no cree sombras sobre la zona de trabajo.
- Se utilizarán todas las protecciones individuales necesarias.

Riesgos y medidas preventivas relacionados con instalaciones de aire acondicionado y climatización

- Caída de personas al mismo nivel, cuando existen en el suelo obstáculos o elementos que puedan provocar una caída por tropiezo o resbalón.
- Caída de personas a distinto nivel desde escaleras o andamios sobre borriqueta.
- Caída de objetos o materiales durante la ejecución de un trabajo o en operaciones de transporte y elevación por medios manuales o mecánicos. Así como de aquellos otros objetos que no se estén manipulando pero que se caigan de su emplazamiento.
- Desprendimientos, desplomes o derrumbamientos, por la posibilidad de desplome o derrumbamiento de elementos que se están instalando, falsos techos, tubos o insolaciones ya colocadas, etc.
- Choques y golpes con herramientas o con los tubos o aparatos que se instalan en las operaciones de manipulación manual, este riesgo puede presentarse cuando existe la posibilidad de que se provoquen lesiones derivadas de choques o golpes con elementos tales como partes salientes de máquinas, instalaciones o materiales, estrechamiento de zonas de paso, vigas o conductos a baja altura, etc.
- Atrapamiento, posibilidad de sufrir una lesión por atrapamiento o aplastamiento de cualquier parte del cuerpo por mecanismos de máquinas o entre objetos, piezas o materiales, entre engranajes, transmisiones, especialmente durante las operaciones de puesta a punto o montaje.
- Cortes, posibilidad de lesión producida por objetos cortantes, punzantes o abrasivos, manejo de chapas, uso de la fibra de vidrio, herramientas y útiles manuales cortantes, etc.
- Proyecciones de materiales por la posibilidad de que se produzcan lesiones por piezas, fragmentos o pequeñas partículas de material proyectadas por una máquina, herramienta o acción mecánica. Incluye, además, las proyecciones líquidas originadas por fugas, escapes de vapor, gases licuados, etc.
- Contactos térmicos, quemaduras o lesiones ocasionadas por contacto con superficies o productos calientes en las operaciones de soldadura eléctrica, oxiacetilénica y oxicorte.

- Contactos con sustancias químicas, por posibilidad de lesiones producidas por contacto con sustancias agresivas o afecciones motivadas por presencia de éstas en el ambiente, dermatosis por contactos con fibras, etc.

- Sobreesfuerzos (carga física dinámica): posibilidad de lesiones músculo-esqueléticas al producirse un desequilibrio acusado entre las exigencias de la tarea y la capacidad física, en la manipulación y transporte de tuberías, montaje de conductos y rejillas, etc.

- Carga física (carga estática postural): posibilidad de fatiga física al producirse un desequilibrio ligero entre las exigencias de la tarea y la capacidad física del trabajador, al mantener posturas en espacios reducidos en altura, de rodillas, agachado, etc.

- Contactos eléctricos directos o indirectos, en la puesta a punto de y pruebas de la instalación.

- Explosiones por la posibilidad de que se produzca una mezcla explosiva del aire con gases o sustancias combustibles o sobrepresión de recipientes a presión.

- Incendios por la posibilidad de que se produzca o se propague un incendio como consecuencia de la actividad laboral y las condiciones del lugar de trabajo.

- Confinamiento por la posibilidad de quedarse recluido o aislado en recintos cerrados, o sufrir algún accidente como consecuencia de la atmósfera respirable de dicho recinto en la colocación de los conductos y tuberías en falsos techos o locales pequeños.

- Exposición a ruido, posibilidad de producirse una lesión auditiva por exposición a un nivel de ruido superior a los límites admisibles en la utilización de herramienta, sierra circular, taladro, soplete, etc. Este riesgo se evalúa por medición y cálculo de nivel equivalente.

- Exposición a radiaciones no ionizantes en las operaciones de soldadura.

- Iluminación: posible riesgo por falta de o insuficiente iluminación.

Medidas Preventivas

- Normas o medidas preventivas durante los trabajos de recepción, acopio de material y maquinaria de aire acondicionado.

  - El acopio de fan-coils (equipo de ventana, consolas, etc.), se ubicará en un lugar destinado para ello, para evitar interferencias con otras tareas.

  - Las cajas-contenedores de los fan-coils se descargarán atadas sobre plataformas emplintadas para evitar derrames de la carga.

  - Se prohíbe utilizar los flejes como asideros de carga.

  - Los bloques de cajas contenedoras de fan-coils etc. una vez situadas en la planta se descargarán a mano y se irán repartiendo directamente por los lugares de ubicación para evitar interferencias en los lugares de paso.

  - Si se tiene que instalar la maquinaría de la instalación en una cobertura (torres de refrigeración, centrífugos, climatizadores, etc.) ésta no se iniciará hasta no haber sido concluido en el cerramiento perimetral de la cubierta para eliminar el riesgo de caída.

- En el caso de que estos trabajos se realicen en cubiertas se acotará una superficie de trabajo de seguridad, mediante barandilla sólida y se señalizará banderolas a una distancia mínima de 2 m. de los petos de la cubierta, si es necesario con barandilla sobre aprietos en la coronación de los muretes de cerramiento.

La descarga y acopio de los paquetes de chapa o similares, sacos de escayola para los revestimientos o conductos de este material, se realizará teniendo presente las siguientes medidas preventivas:

- Los bloques de chapa y tubos se almacenarán empaquetes sobre durmientes de madera de reparto, nunca superando un apilado de 1'5 m. de altura sobre el pavimento o suelo. Si este acopio se realiza sobre forjados, se tendrá en cuenta que no suponga una sobrecarga o un obstáculo para le paso de los trabajadores.
- El almacenado de chapas (metálicas, fiberglas, sacos, estopa, etc., necesario para la construcción de los conductos) se ubicará en lugares previamente establecidos, en el mejor de los casos junto a la zona de montaje.

- Normas o medidas preventivas para los trabajos de montaje de tuberías

- El taller o almacén de tuberías se ubicará en un lugar destinado para ello, estará dotado de puerta, ventilación e iluminación, pudiendo estar en el interior del edificio.
- El transporte manual de pequeñas tuberías se realizará a hombro por un solo hombre, inclinando la carga hacia atrás, de forma que la parte delantera del tubo quede por encima de la cabeza del operario.
- Para las tuberías pesadas, se transportarán por un mínimo de dos hombres y si es necesario guiado por un tercero, especialmente en las maniobras de cambio de dirección.
- Quedará prohibido guiar las cargas pesadas directamente con las manos, para evitar esto se utilizarán cuerdas guías para hacer menor esfuerzo y evitar golpes, atrapamientos, etc.
- Los bancos de trabajo se mantendrán en buen estado de uso, evitando la formación de astillas durante la labor (las astillas pueden ocasionar pinchazos y cortes en las manos).
- Cuando las columnas estén aplomadas, se repondrán las protecciones de forma que dejen pasar los hilos de los plomos. Las protecciones se irán quitando conforme ascienda la columna montada. Si queda hueco con riesgo de tropiezo o caída por él, se repondrá la protección hasta la conclusión del patinillo.
- Los recortes sobrantes, se irán retirando conforme se produzcan, a un lugar determinado, y se recogerán posteriormente y verterán por las trompas para así evitar el riesgo de pisadas sobre objetos.
- Durante el corte con cizalla, las chapas permanecerán apoyadas sobre los bancos de trabajo y debidamente sujetos.
- La iluminación en las zonas de montaje de tuberías será de 100 lux como mínimo.
- Se prohíbe en prevención de contactos eléctricos, conectar la pinza ("hacer masa"), en otro sitio que no sean las instalaciones.
- Cuando se realicen los trabajos en interior, las escaleras de mano serán de tijera y estarán dotadas de topes en su parte superior, cadenilla de apertura máxima y zapatas antideslizantes.

- Cuando se tengan que colocar instalaciones en techos altos, se usarán andamios tubulares sobre ruedas o plataformas elevadas, protegidas en todo su contorno mediante barandillas a 0'90 m., listón intermedio y rodapié. Asimismo la plataforma de trabajo dispondrá de anchura mínima de 0'60 m.

Operaciones de soldadura en el montaje de tuberías

- Se prohíbe soldar con plomo en lugares cerrados para evitar respirar sustancias tóxicas. Los tajos con soldadura de plomo se realizarán bien en el exterior, bien bajo corriente de aire.
- Se deberá tener especial cuidado a la hora de almacenar las bombonas o botellas de gases licuados, ubicado a las mismas en un lugar adecuado, dotado de ventilación contante por "corriente de aire".
- Estas bombonas o botellas, se transportarán y permanecerán en los carros portabotellas.
- No se soldará con las botellas o bombonas de gases expuestos al sol.
- Nunca utilizar acetileno para soldar cobre o elementos que lo contengan, ya que reacciona formando un compuesto explosivo, esto provocaría riesgo de explosión.
- Se evitará fumar en las operaciones de soldadura y en la zona donde se encuentren almacenadas las botellas de gases licuados.
- Al lado de las botellas se tendrá a mano un extintor de polvo químico.
- Se utilizará como protección individual, casco de polietileno, guantes, ropa de trabajo, calzado de seguridad adecuado, cinturón de seguridad. Para las operaciones de soldadura (guantes especiales, manguitos de soldador, polainas, cubre-pies, mandiles de cuero, así como pantallas de soldador o gafas de soldador con mascarilla).

- Normas preventivas de aplicación durante el montaje de conductos y rejillas

  - Los conductos de chapa se cortarán y se montarán y se montarán en los lugares señalados, para evitar riesgos por interferencia.
  - Se procurará que las distancias de transporte de elementos que formen la instalación hasta la zona a trabajar sea mínima de esta forma si disminuyen las distancias de transportes dentro de los recintos, disminuirán la probabilidad de que ocurran riesgos derivados de este transporte.
  - Para almacenar las chapas metálicas estas irán sobre paquetes en durmientes de reparto en los lugares de trabajo que señale el encargado no superado nunca el apilado 1.5 m.
  - Estas chapas metálicas se retirarán del acopio para su corte y formación del conducto por dos hombres como mínimo, así se evitará el riesgo de cortes o golpes por desequilibrio.
  - Durante el corte, las chapas quedarán apoyadas sobre los bancos, para evitar movimientos peligrosos, especialmente con hojas recortadas.
  - Para evitar accidentes por acumulación de objetivos, los tramos de conductos, se evacuarán de la zona de montaje tan pronto como sea posible, para su conformación definitiva.

- Se tendrá especial precaución en función del tipo de proyecto o diseño el tipo de medio auxiliar apropiado para el montaje, utilizando para ello andamio o escalera.
- Se prohíbe abandonar en el suelo cuchillas, cortantes, grapadoras, taladros, remachadoras, o cualquier herramienta, para evitar los riesgos por pisar sobre estos objetos.
- Cuando se tenga que montar sobre cubiertas, los trabajos se suspenderán cuando existan fuertes vientos para evitar el descontrol de las piezas y los accidentes a los operarios o a terceros.
- Cuando se monten hay que tener en cuenta que los colectores o impulsores tienen a veces gran sección con codos y bifurcaciones. Se deben extremar las precauciones.
- Las cañas que se utilizarán en la construcción de los conductos de escayola, deben estar perfectamente libres de astillas y se colocarán paralelas en el sentido del crecimiento, para evitar riesgo de cortes a la hora de extender sobre ellas la pasta de escayola.
- Las rejillas se deben montar con escaleras de tijera dotadas de zapatas antideslizantes y con cadenilla delimitadora de apertura, para eliminar el riesgo de caída.
- Cuando se tengan que colocar conductos en alturas considerables se instalarán desde andamios tubulares cumpliendo estos las condiciones que les sean aplicables por el fabricante y la normativa actual.

Conexiones eléctricas. Pruebas de instalación

- Durante las conexiones y pruebas cuando deba cortarse momentáneamente la energía eléctrica de alimentación, se instalará en el cuadro un letrero de precaución con la leyenda: "NO CONECTAR, HOMBRES TRABAJANDO EN RED".
- Se llevarán a cabo pruebas de estanqueidad. Se notificará al personal la fecha de las pruebas en carga, para evitar los accidentes por fugas o reventones.
- Se comprobará el funcionamiento de válvulas, motores y ventiladores, viendo si alcanzan su velocidad de régimen. Se realizará una medición general de caudal de aire, reajustándolo si fuera necesario al caudal teórico de proyecto.
- Se registrarán los datos obtenidos en las pruebas según procedimientos específicos.
- En cualquier caso se utilizarán guantes dieléctricos y calzado de seguridad.

CONOCIMIENTO DEL ENTORNO DEL LUGAR DE TRABAJO Y DE TRÁNSITO. PLANIFICACIÓN DE LAS TAREAS PREVENTIVAS

El Lugar de Trabajo y de Tránsito

La Normativa por la que se establecen las Disposiciones Mínimas de Seguridad y Salud en los Lugares de Trabajo, es el RD 486/1997 de 14 de Abril.

Se entiende por lugar de trabajo las áreas del centro de trabajo, edificadas o no, en las que los trabajadores deben permanecer o a las que puedan acceder en razón de su trabajo. Se incluyen en esta definición cualquier local, pasillo, escalera, vía de circulación o de evacuación, los servicios higiénicos, los locales de descanso, los de primeros auxilios, los comedores, etc.

Igualmente, las instalaciones de servicio (salas de calderas, salas de compresores, centros de transformación, salas de máquinas y ascensores, etc.) o protección (como las instalaciones de protección contra incendios) ajenas a los lugares de trabajo se consideran parte integrante de los mismos.

Este RD no será de aplicación a los medios de transporte tales como barcos, aviones, trenes y vehículos de carretera, obras de construcción temporales o móviles, la industria de extracción, los buques de pesca, campos de cultivo, bosques y similares.

Coordinación de actividades Empresariales

Según el Artículo 24.2 de la Ley 31/95, en relación con el R. D. 171/2004, que lo desarrolla, se tiene que tener en cuenta la presencia en los lugares de trabajo de empleados de otras empresas, contratistas y subcontratistas. En estos casos es obligación del empresario principal o titular del centro de trabajo adoptar las medidas necesarias para que aquellos otros empresarios que desarrollen actividades en sus instalaciones reciban la información y las instrucciones adecuadas en relación con los riesgos existentes en el centro de trabajo y con las medidas de protección y prevención correspondientes, así como de las medidas de emergencia, para su traslado a los respectivos trabajadores.

Además, los empresarios cuyos trabajadores lleven a cabo su actividad laboral en otras empresas tienen obligación de garantizar la salud y seguridad de sus trabajadores, cualquiera que sea el lugar de trabajo. Por ello, estos empresarios deben realizar también evaluaciones de riesgo que incluyan el estudio de las interacciones entre sus trabajadores y las actividades que desarrollan, y las de la empresa titular de las instalaciones en las que se esté trabajando, debiendo establecerse entre las distintas empresas los medios de coordinación que sean necesarios en cuanto a la protección y prevención de los riesgos laborales.

Planificación de las Tareas Preventivas

La actividad preventiva, por las necesidades emanadas de la Evaluación de Riesgos, se planificará por un periodo determinado, estableciendo las fases y prioridades de su desarrollo en función a la magnitud de los riesgos y del número de trabajadores expuestos a los mismos.

- Respecto a su contenido: Este documento debe contener calendario preciso de ejecución de las acciones y correcciones preventivas a desarrollar como consecuencia de la Evaluación (no confundir con el Plan Anual inicial). Determinará, entre otras, responsables de su ejecución, fechas para que las actuaciones sean llevadas a cabo y mecanismos para controlar la eficacia de las medidas adoptadas, así como la previsión de recursos económicos necesarios para su eficaz desarrollo.

  Deberá contemplar, al menos, la ejecución de las siguientes actividades preventivas:

  - Correcciones técnicas, de carácter general y específico a realizar, con las fechas de ejecución responsables de las mismas.
  - Elección de equipos de protección individual, para aquellos casos donde no se hayan podido eliminar los riesgos.
  - Parámetros y criterios técnicos para la realización de los reconocimientos médicos del personal. Para ello, se tendrán en cuenta las características de cada puesto de trabajo de manera individualizada y de ellos nacerán los protocolos específicos, así como la periodicidad de dichos reconocimientos.
  - Información individualizada de riesgos a los trabajadores, con indicación de las medidas preventivas.

- Programas de formación específicos: curso delegados de prevención, primeros auxilios, cursos de emergencia y evacuación, etc.
- Mediciones higiénicas y/o ambientales que conformarían nuevo anexo documental de la Evaluación y de la Planificación, si fuese necesario, en atención a sus resultados.
- Controles periódicos por modificación o creación de nuevos puestos de trabajo.
- Integración de las medidas de emergencia. Calendario de simulacros.
- Asignación de recursos económicos para la eficaz implantación de esta planificación.

- Respecto a su elaboración: El documento de Planificación deberá ser elaborado por el modelo de prevención de cada empresa.
- Respecto a su aprobación: Será estudiado y aprobado por el Comité de Seguridad y Salud, o por el empresario y delegados de prevención, en su caso.
- El seguimiento del contenido de la Planificación corresponderá al técnico de prevención encargado de la misma, en sus visitas periódicas al centro de trabajo, informando de los resultados al Comité de Seguridad y Salud, en sus reuniones trimestrales, o en su defecto a empresario y delegados de prevención.
  Las correcciones técnicas corresponderán a las personas designadas como responsables de ello en la propia Planificación: encargados, jefes de sección o departamento, etc.
  - Estas personas, designadas como responsables de llevar a cabo las correcciones técnicas a realizar, presentarán prueba documental de las mismas a los órganos preventivos, que podrán comprobar la eficacia de dichas correcciones.
  - Como producto de la Evaluación de riesgos, se elaborará la información que será entregada a los trabajadores respecto a los riesgos existentes en sus puestos de trabajo, así como de las medidas preventivas a adoptar.
  - Se procederá a la entrega de los EPI a trabajadores, con acuse de recibo de la empresa.
  - Deberá existir un canal de comunicación directo entre el
- Respecto al registro del documento de Planificación: obrará en poder del modelo preventivo y de la empresa a disposición de la Autoridad Laboral.

  Asimismo, del Comité de Seguridad y Salud o, en su caso, tendrán acceso a él los delegados de prevención.

  - Al terminar el periodo, normalmente un año, que fue establecido para la planificación se debe verter en documento al efecto un resumen de los objetivos alcanzados.

LO QUE HEMOS APRENDIDO: tema 4

→ Lugar de trabajo: las áreas del centro, edificadas o no, en las que los trabajadores deben permanecer o a las que puedan acceder en razón de su trabajo (local, pasillo, escalera, vía de circulación o evacuación, servicios higiénicos, locales de descanso y primeros auxilios, comedor, etc.).

→ La actividad preventiva se planificará por un periodo determinado, estableciendo las fases y prioridades de su desarrollo en función a la magnitud de los riesgos y del número de trabajadores expuestos a los mismos.

→ Coordinación de actividades empresariales: se tiene que tener en cuenta la presencia en los lugares de trabajo de empleados de otras empresas, contratistas y subcontratistas.

☑ MÓDULO ÚNICO TEST 4: Verificación, identificación y vigilancia del lugar de trabajo y su entorno

Marcar la respuesta correcta:

1. De las siguientes opciones señale cuál es la correcta:

- ☐ Entre otros, los servicios higiénicos se consideran lugares de trabajo.
- ☐ El lugar de trabajo es la zona edificada donde se realiza, habitualmente, el trabajo.
- ☐ Se considera que los comedores, zonas de descanso y local de primeros auxilios no son lugares de trabajo.

2. La actividad preventiva se planificará por un periodo determinado de:

- ☐ Todos los meses.
- ☐ Cada dos años.
- ☐ Una vez al año.

3. Los riesgos relacionados con instalación de aire acondicionado, marca la incorrecta:

- ☐ Sobreesfuerzos posturales.
- ☐ Contactos eléctricos directos e indirectos
- ☐ Riesgo por exposición a agentes biológicos.

4. El taller de tuberías estará dotado de:

- ☐ De buena iluminación.
- ☐ Puerta, ventilación e iluminación.
- ☐ Señalización, y ventilación.

5. La Planificación de prevención:

- ☐ El seguimiento del contenido de la Planificación corresponderá al técnico de prevención encargado de la misma, en sus visitas periódicas al centro de trabajo.
- ☐ El documento de Planificación deberá ser elaborado por los trabajadores
- ☐ Será estudiado y aprobado por el Coordinador de seguridad y salud.

6. **La Normativa por la que se establecen las Disposiciones Mínimas de Seguridad y Salud en los Lugares de Trabajo:**

   - ☐ RD 486/1997.
   - ☐ RD 485/1997.
   - ☐ RD 47/1998.

7. **La planificación deberá contemplar:**

   - ☐ Actividades preventivas a realizar o contemplar
   - ☐ Nunca se tendrá en cuenta la previsión de recursos económicos
   - ☐ El calendario y responsables de ejecución.

8. **Señala la incorrecta:**

   - ☐ Se prohíbe los trabajos de soldadura y oxicorte en lugares próximos a otros trabajos en los que se están manipulando pinturas o pegamentos inflamables para evitar riesgo de explosión.
   - ☐ Al lado de las botellas se tendrá a mano un extintor de polvo químico.
   - ☐ Siempre que se pueda, se almacenará las bombonas de gas o botellas en el exterior, expuestas al sol.

9. **La coordinación de actividades empresariales, viene recogida:**

   - ☐ Art. 24 LPRL.
   - ☐ Art. 24 del Reglamento de prevención.
   - ☐ Art. 44 del convenio de la construcción.

10. **No es de aplicación el RD de lugares de trabajo, cuál es falsa:**

   - ☐ Buques de pesca.
   - ☐ Industria de extracción.
   - ☐ Hoteles.

TEMA 5

Interferencias entre actividades

- Actividades simultáneas o sucesivas

OBJETIVOS:

- Diferenciar los distintos trabajos a realizar en fontanería.
- Identificar que actividades, sistemas de ejecución, materiales y equipos de trabajo se incluyen en el concepto de la unidad de obra de fontanería.
- Establecer las medidas necesarias para la eliminación o reducción inicial de los riesgos, analizando las condiciones de trabajo y salud que rodean al trabajador y su entorno laboral.

ACTIVIDADES SIMULTÁNEAS O SUCESIVAS

El sector de la construcción es una amalgama de actividades que se desarrollan de manera simultánea y sucesiva. En una obra de construcción se dan cita un buen número de profesionales, que llevan a cabo su trabajo al mismo tiempo unos, y de forma inmediatamente posterior otros. Este hecho tiene sus inconvenientes, ya que no sólo padecen los riesgos propios de sus respectivos oficios, sino que también sufren los generados por el resto de actividades con las que conviven.

En primer lugar, analizaremos cada una de las fases de la obra en la cual puedes llegar a desarrollar trabajos, para ver así las interferencias que puedes sufrir con otras profesiones.

- **Fases de movimiento de tierras, excavación y cimentación:** en esta fase, es fácil encontrar un gran número de vehículos trasladando materiales. Cuando se deba trabajar simultáneamente con ellos habrá que equiparse con ropa de alta visibilidad, circular de acuerdo a las normas de circulación y atender a la señalización de los lugares de trabajo donde nos encontremos.

- **Fases de construcción de estructura y cubiertas:** Con independencia del tipo de obra en el que se trabaje, la maquinaría de elevación de cargas es algo con lo que siempre se va a convivir. Los riesgos de desprendimiento de la carga, caída de personas, atrapamientos y golpes van ligados a esta etapa de la obra.
  En multitud de ocasiones, la seguridad dependerá de la profesionalidad del operador de la máquina de elevación. De la misma manera, cuando manipulemos cargas en suspensión deberemos mantener una buena comunicación y coordinación con el gruísta y un buen conocimiento de las técnicas de estrobado para evitar poner en riesgo a otras personas. Algunas de las precauciones son:

  - Procurar que nadie se encuentre situado debajo de la carga suspendida.

  - Asegurar el estado de los ganchos con sus pestillos de seguridad.

  - No hacer acopio de los materiales al borde de los forjados y asegurar un correcto almacenaje de éstos.

  El trabajo en la estructura, debido a que puede haber trabajadores por encima, corremos riesgos derivados de estos trabajados (caída de objetos).

- Fases de acabado: Una vez construido el edificio comienzan los trabajos en su interior, donde intervienen gran número de oficios. Con todos habrá que mantener una buena coordinación para evitar riesgos derivados de sus correspondientes trabajos por los que, de forma directa o indirecta, se puede estar afectado. De igual manera, sus condiciones de seguridad y salud también podrían verse perjudicadas por riesgos derivados de nuestra actividad. Por todo ello, es importante equiparse con los EPI oportunos teniendo en cuenta la interacción con estos oficios y manteniendo un buen estado de orden y limpieza, de tal manera que los materiales utilizados y los residuos generados durante el trabajo no afecten a otros compañeros que estén trabajando simultáneamente o lo vayan a realizar con posterioridad.

- Obra civil e instalaciones industriales: No siempre se realiza los trabajos en obras de construcción, a veces puede ser una instalación industrial o una obra civil. Es muy importante que haya una buena coordinación en los cortes de corriente para evitar accidentes.

Esta labor de coordinación debe llevarse a cabo por el responsable de la obra, generalmente debe ser el coordinador de Seguridad y Salud.

LO QUE HEMOS APRENDIDO: tema 5

→ Es importante que conozcas los riesgos que afectan a otros oficios, ya que puedes interactuar con ellos y verte afectado por los riesgos derivados de su oficio.

☑ MÓDULO ÚNICO TEST 5: Interferencias entre actividades

Marcar la respuesta correcta:

1. **Fases de una obra:**

   - ☐ Fase de movimiento de tierras, excavación y cimentación.
   - ☐ Fase de movimientos de tierras, excavación y cimentación; fase de construcción de estructura y cubiertas; fase de acabado; obra civil e instalaciones.
   - ☐ Fases de interior y fases de exterior.

2. **El trabajo en la estructura:**

   - ☐ Corremos riesgos de caídas de objetos.
   - ☐ Corremos riesgos de caída desde alturas.
   - ☐ Corremos riesgos ambientales.

3. **La labor de coordinar actividades simultáneas corresponde:**

   - ☐ A los operarios.
   - ☐ Al empresario
   - ☐ Al coordinador de seguridad y salud.

4. **Cuando trabajemos simultáneamente en la fase de movimiento de tierras, excavación y cimentación habrá:**

   - ☐ Equiparse con ropa de alta visibilidad.
   - ☐ Equiparse con mascarilla antipolvo.
   - ☐ Equiparse con ropa especial de abrigo.

5. **Indiferentemente de las fases de trabajo:**

   - ☐ Es muy importante que haya una buena coordinación en los cortes de corriente para evitar accidentes.
   - ☐ Mantener un buen estado de orden y limpieza.
   - ☐ Ambas son correctas.

6. **Precauciones en la fase de construcción de estructuras y cubiertas:**

- ☐ Procurar que los operarios se encuentre situado debajo de la carga suspendida.
- ☐ Asegurar el estado de los ganchos con sus pestillos de seguridad.
- ☐ Hacer acopio de los materiales al borde de los forjados y asegurar un correcto almacenaje de éstos.

7. **Habrá que preparar los equipos:**

- ☐ Con anticipación.
- ☐ En el momento de su utilización.
- ☐ No hace falta preparación.

8. **Riesgos ligados a la fase de construcción de estructuras y cubiertas:**

- ☐ Desprendimiento de la carga y caída de personas.
- ☐ Desprendimiento de la carga, atrapamientos, caída de personas y golpes.
- ☐ Atrapamiento y golpes.

9. **Los trabajos de fontanería no se desarrollan, en las fases:**

- ☐ Fase de acabado e instalaciones industriales.
- ☐ Fase de movimiento de tierras.
- ☐ Fase de construcción de estructura y acabado.

10. **Señala la afirmación correcta:**

- ☐ Los trabajos de fontanería sólo se realizan en obras.
- ☐ La seguridad nunca dependerá del operador de la máquina de elevación.
- ☐ Es importante que conozcas los riesgos que afectan a otros oficios, ya que puedes interactuar con ellos y verte afectado por los riesgos derivados de su oficio.

TEMA 6

Derechos y obligaciones

- Marco Normativo general y específico
- Organización de la prevención
- Fomento de la toma de conciencia sobre la importancia se involucrarse en la prevención de riesgos laborales
- Participación, información, consulta y propuestas

OBJETIVOS:

- Conocer los derechos y deberes en materia preventiva
- Provocar la participación e implicación de cada trabajador en la aplicación de la prevención en su unidad de obra.
- Conocer el marco normativo general y específico de aplicación.

MARCO NORMATIVO GENERAL Y ESPECÍFICO

El empresario debe garantizar la protección de los trabajadores a su servicio frente a los riesgos laborales. Los trabajadores tienen derecho: a la información y la formación; a ser consultados y participar en esta materia; a la autoprotección; y a una vigilancia médica específica. El trabajador está obligado a velar, en la medida de sus posibilidades, por la seguridad y la salud en el trabajo y a cooperar con el empresario para mantener unas condiciones de trabajo seguras.

La Unión Europea, mediante directivas, ha establecido un espacio común, donde las condiciones de trabajo de los distintos países se van aproximando cada vez más entre sí y donde los productos que se comercialicen deben cumplir los mismos requisitos de seguridad. Las directivas comunitarias son adaptadas por cada país europeo a su propia legislación.

La LPRL es la norma legal más importante en esta materia en España. Regula la actuación de la Administración Pública, los empresarios y los trabajadores, los Servicios de Prevención y las formas de participación de los trabajadores en la prevención de riesgos en el trabajo.

El Reglamento de los Servicios de Prevención regula la organización de la prevención en las empresas, así como los criterios para una correcta evaluación de los riesgos y la información y cualificación de los especialistas en prevención.

Existen además gran número de disposiciones relacionadas directa o indirectamente con la prevención de riesgos, que tratan muy diversos aspectos, desde el ruido o el uso de pantallas de visualización de datos, hasta las condiciones de seguridad que deben reunir las instalaciones eléctricas, o en qué casos se puede declarar una "enfermedad profesional".

Derechos y deberes de los trabajadores

La LPRL establece el marco jurídico esencial para desarrollar los requisitos de Seguridad y Salud en el trabajo. En ella se cita una vez más el derecho que tienen los trabajadores a una protección eficaz en materia de Seguridad y Salud, (artículo 14.1). Además la Ley recoge que es deber del empresario la protección de los trabajadores frente a los riesgos laborales (artículo 14.2).

Derechos

Según la Ley de Prevención de Riesgos Laborales es derecho de los trabajadores:

- Ser informados y formados en materia preventiva
- Ser consultados y participar en las cuestiones relacionadas con la prevención de riesgos
- Recibir una vigilancia de su estado de salud
- Poder interrumpir su actividad en caso de riesgo grave e inminente para su salud.

Deberes

En cuanto a los deberes de los trabajadores se recogen en el artículo 29:

- Usar adecuadamente, de acuerdo con su naturaleza y los riesgos previsibles, las máquinas, aparatos, herramientas, sustancias peligrosas, equipos de transporte y, en general, cualesquiera otros medios con los que desarrollen su actividad.
- Utilizar correctamente los medios y equipos de protección facilitados por el empresario, de acuerdo con las instrucciones recibidas de éste.

- No poner fuera de funcionamiento y utilizar correctamente los dispositivos de seguridad existentes o que se instalen en los medios relacionados con su actividad o en los lugares de trabajo en los que ésta tenga lugar.
- Informar de inmediato a su superior jerárquico directo, y a los trabajadores designados para realizar actividades de protección y de prevención o, en su caso, al servicio de prevención, acerca de cualquier situación que, a su juicio, entrañe, por motivos razonables, un riesgo para la seguridad y salud de los trabajadores.
- Contribuir al cumplimiento de las obligaciones establecidas por la autoridad competente con el fin de proteger la seguridad y salud de los trabajadores en el trabajo.
- Cooperar con el empresario para que éste pueda garantizar unas condiciones de trabajo que sean seguras y no entrañen riesgos para la seguridad y la salud de los trabajadores.

Estructura de la ley de prevención de riesgos laborales

Cap. I	Determina el carácter de estas normas, el objeto de la Ley y su ámbito de aplicación. Establece las definiciones de conceptos básicos, tales como prevención, riesgo laboral, daños derivados del trabajo, etc.
Cap. II	Regula los objetos, normas reglamentarias y actuaciones de las Administraciones Públicas. Contempla la cooperación entre las distintas Administraciones y la participación que tienen las organizaciones de empresarios y trabajadores en la Comisión Nacional de Seguridad y Salud en el Trabajo, que se crea como órgano asesor y de participación nacional en esta materia.
Cap. III	Desarrolla los derechos de los trabajadores y las correlativas obligaciones empresariales
Cap. IV	Se refiere la consulta y participación de los trabajadores en la seguridad y salud en el trabajo, a través de los Delegados de Prevención.
Cap. V	Regula la consulta y participación de los trabajadores en la seguridad y salud en el trabajo, a través de los Delegados de Prevención.
Cap. VI	Hace referencia a las obligaciones de los fabricantes, importadores y suministradores de maquinaria, equipos, productos y útiles de trabajo, a fin de garantizar los máximos niveles de seguridad para los usuarios, en la línea de la normativa comunitaria sobre la seguridad del producto.
Cap. VII	Contempla las responsabilidades y sanciones derivadas del incumplimiento de la Ley. Clasifica las infracciones en leves, graves y muy graves. Las sanciones pueden oscilar entre las cincuenta mil, para el caso de las leves en grado mínimo y los cien millones de pesetas para las muy graves en su grado máximo.

Delegados de personal

Cabe destacar que el capítulo V regula la consulta y participación de los trabajadores en la seguridad y salud en el trabajo, a través de los Delegados de Prevención serán designados por y entre los representantes del personal (delegados de personal o miembros del comité de empresa), con arreglo a la siguiente escala:

De 6 a 49 trabajadores	1 delegado
De 50 a 100 trabajadores	2 delegados
De 101 a 500 trabajadores	3 delegados
De 501 a 1000 trabajadores	4 delegados

De 1001 a 2000 trabajadores	5 delegados
De 2001 a 3000 trabajadores	6 delegados
De 3001 a 4000 trabajadores	7 delegados
De 4001 trabajadores en adelante	8 delegados.

Son competencias de los Delegados de Prevención:

- Colaborar con la dirección de la empresa en la mejora de la acción preventiva
- Promover y fomentar la cooperación de los trabajadores en la ejecución de la normativa sobre prevención de riesgos laborales
- Ser consultados sobre la planificación y la organización preventiva
- Ejercer una acción de vigilancia y control del cumplimiento de la normativa de prevención de riesgos laborales
- Formar parte en su caso del Comité de Seguridad y Salud.

En el ejercicio de dichas competencias, los Delegados de Prevención, están facultados para:

- Acompañar a los Técnicos en la evaluación de los riesgos laborales y a los Inspectores de Trabajo en sus visitas de verificación.
- Tener acceso a la información y documentación necesaria para el cumplimiento de sus funciones.
- Realizar visita a los lugares de trabajo para ejercer una labor de vigilancia y control del estado de las condiciones de trabajo.

El tiempo utilizado por los Delegados de Prevención para el desempeño de sus tareas se considera como de ejercicio de sus funciones de representación a efectos de la utilización del crédito de horas mensuales previsto en el artículo 68 del Estatuto de los Trabajadores.

No obstante, se considera como tiempo de trabajo efectivo, sin imputación al citado crédito horario:

- El correspondiente a las reuniones del Comité de Seguridad y Salud.
- El tiempo utilizado en las reuniones que convoque el empresario para tratar temas de prevención de riesgos.
- El destinado a las visitas para colaborar con la dirección de la empresa en la mejora de la acción preventiva.

Los Delegados de Prevención pueden efectuar propuesta al empresario para mejorar los niveles de protección y adoptar por mayoría, cuando no resulte posible reunir con la urgencia requerida al órgano de representación del personal, la paralización de la actividad de los trabajadores afectados por un riesgo grave e inminente con ocasión de un trabajo.

El artículo 37 de la L.P.R.L. establece la obligación que tiene el empresario de proporcionar a los Delegados de Prevención los medios y la formación en materia preventiva que resulten necesarios para el ejercicio de sus funciones.

Comité de seguridad y salud

En este mismo capítulo V se crea el denominado Comité de Seguridad y Salud, como un órgano paritario de participación en la empresa, formado por los Delegados de Prevención, de una parte, y por el empresario y/o sus representantes, de otra. Se constituirá en todas las empresas o centros de trabajo que cuenten con 50 o más trabajadores.

El Comité de Seguridad y Salud tiene las siguientes competencias:

a) Participar en la elaboración, puesta en práctica y evaluación de los planes y programas de prevención de riesgos en la empresa.

b) Promover iniciativas sobre métodos y procedimientos para la efectiva prevención de los riesgos, proponiendo a la empresa la mejora de las condiciones o la corrección de las deficiencias existentes.

El comité está facultado para conocer y analizar directamente la situación relativa a la prevención de riesgos laborales y proponer, en su caso, las medidas preventivas oportunas.

Grupos de trabajadores especialmente expuestos a riesgos

Los colectivos de mujeres, jóvenes, inmigrantes, autónomos, personas con discapacidad y otros colectivos especialmente sensibles tienen unas características que les colocan en una situación de especial vulnerabilidad frente a los factores de riesgo. La protección preventiva de trabajadores especialmente sensibles a los riesgos laborales en virtud de sus propias características personales o estado biológico conocido se articula en la LPRL conforme a las siguientes pautas: atención específica a esta circunstancia en la evaluación de riesgos, adopción de medidas preventivas y de protección concretas y prohibición de contratar a estos trabajadores para ocupar puestos de trabajo en los que se puedan poner en peligro ellos mismos o al resto de los integrantes de la organización productiva.

Los trabajadores de ETT son igualmente merecedores de una protección específica, dada su situación de vulnerabilidad al estar contratados para una empresa (ETT) que los cede temporalmente para que presten servicios en otra.

- **Protección de la maternidad**

Atendiendo al Art. 26. de la Ley de Prevención de Riesgos Laborales, referente a la protección de la maternidad, la Empresa comunicará a todas las trabajadoras que notifiquen individualmente si se encuentran en situación de embarazo o parto reciente (periodo de lactancia), con el objeto de contemplar la exposición de las mismas a agentes, procedimientos o condiciones de trabajo que puedan influir negativamente en su salud o en la del feto.

Si los resultados de la evaluación revelasen un riesgo para la seguridad y salud o una posible repercusión sobre el embarazo o la lactancia de las citadas trabajadoras, el empresario adoptará las medidas necesarias para evitar la exposición a dicho riesgo según contempla el referido artículo en sus cuatro apartados.

- **Protección de los menores**

El empresario, atendiendo al artículo 27 de la Ley de Prevención de Riesgos laborales, antes de la incorporación al trabajo de jóvenes menores de 18 años y, previamente a una modificación importante de sus condiciones de trabajo, efectuará una evaluación de los puestos de trabajo a desempeñar en cualquier actividad susceptible de presentar riesgos que puedan poner en peligro la seguridad o salud de estos trabajadores.

A tal fin la empresa comunicará la incorporación de trabajadores menores con el objeto de contemplar los puestos de trabajos a desempeñar por los mismo, a fin de determinar la naturaleza, grado y la duración de su exposición, en cualquier actividad susceptible de presentar un riesgo específico al respecto, a agentes, procesos o condiciones de trabajo que puedan poner en peligro la seguridad o la salud de estos trabajadores.

- **Protección de trabajadores pertenecientes a ETT**

De conformidad con el artículo 28 de la Ley 31/1995 de 8 de noviembre de Prevención de Riesgos Laborales y el R. D. 216/1999, de 5 de febrero, sobre disposiciones mínimas de seguridad y salud en el trabajo en las empresas de trabajo temporal, en el caso que su empresa cuente con trabajadores pertenecientes a una ETT, éstos deberán disfrutar del mismo nivel de protección que los restantes trabajadores de la empresa, no pudiendo existir diferencia de trato alguno. A estos efectos, y con carácter previo a la contratación, la empresa usuaria deberá:

- Informar a la ETT, sobre las características del puesto de trabajo a cubrir, tareas a desarrollar, riesgos profesionales y aptitudes requeridas para el puesto, debiendo entregar copia de la presente evaluación de riesgos a la ETT.
- Proporcionar al trabajador cedido, antes de comenzar los trabajos, la información específica sobre sus riesgos generales y específicos de su puesto de trabajo, así como las medidas de prevención y protección a utilizar.
- Controlar, antes del inicio del contrato de servicios, que la ETT ha cumplido documentalmente con todas sus obligaciones en prevención, tales como: formación teórica y práctica de los trabajadores y realización del reconocimiento médico con certificado de aptitud antes de la incorporación del trabajador a su puesto de trabajo.
- Comunicar a la ETT los accidentes de trabajo de trabajadores puestos a su disposición.

El Recurso preventivo o trabajador designado hará las funciones de nexo de conexión entre las diferentes empresas que presten sus servicios en el mismo centro de trabajo, posibilitando de este modo el intercambio de la documentación relativa a la prevención de riesgos laborales y con el fin de poder dar cumplimiento al artículo 24 de la Ley de Prevención de Riesgos Laborales.

ORGANIZACIÓN DE LA PREVENCIÓN

La planificación y desarrollo de la actividad preventiva, exige una organización de los recursos de la empresa destinadas a la prevención, exigencia que igualmente aparece como obligación empresarial en la LPRL.

Conforme al artículo 2.4. del RSP, la organización de los recursos necesarios para el desarrollo de las actividades preventivas se realiza por la empresa con arreglo a alguna de las modalidades siguientes :

- Asunción personal por el empresario, en caso de ser persona física, o por su Administrador, en caso de ser persona jurídica.
- Designación de uno o varios trabajadores.
- Constitución de un servicio de prevención propio
- Constitución de un servicio de prevención ajeno.

Asunción personal por el empresario de la actividad preventiva

El empresario puede desarrollar personalmente la actividad de prevención, con excepción de las actividades relativas a la vigilancia de la salud de los trabajadores, competencia exclusiva de los servicios médicos capacitados al efecto.

Requisitos:

- Que se trate de empresa de menos de seis trabajadores.
- Que la empresa no realice ninguna de las siguientes actividades: (todas ellas contenidas en el Anexo 1 del Reglamento de Servicios de Prevención).
    - Trabajos con exposición a radiaciones ionizantes en zonas controladas según Real Decreto 53/1992 de 24 de enero, sobre protección sanitaria contra radiaciones ionizantes.
    - Trabajos con exposición o agentes tóxicos y muy tóxicos, y en particular a agentes cancerígenos, mutagénicos o tóxicos para la reproducción, de primera y segunda categoría, según Real Decreto 363/1995 de 10 de enero,

que aprueba el Reglamento sobre notificación de sustancias nuevas y clasificación, envasado y etiquetado de sustancias peligrosas, así como Real Decreto 1078/1993 de

- 2 de julio sobre clasificación, envasado y etiquetado de preparados peligrosos y las normas de desarrollo y adaptación al progreso de ambas.
- Actividades en que intervienen productos químicos de alto riesgo y son objeto de la aplicación del Real Decreto 886/1988, de 15 de julio, y sus modificaciones, sobre prevención de accidentes mayores en determinadas actividades industriales.
- Trabajo con exposición a agentes biológicos de los grupos 3 y 4, según la
- Directiva 90/679/CEE y sus modificaciones, sobre protección de los trabajadores contra los riesgos relacionados a agentes biológicos durante el trabajo.
- Actividades de fabricación, manipulación y utilización de explosivos, incluidos los artículos pirotécnico s y otros objetos o instrumentos que contengan explosivos.
- Trabajos propios de minería a cielo abierto y de interior, y sondeos en superficie terrestre o en plataformas marinas.
- Actividades en inmersión bajo el agua.
- Actividades en obras de construcción, excavación, movimientos de tierras y túneles, con riesgo de caída de altura o sepultamiento.
- Actividades en la industria siderúrgica y en la construcción naval.
- Producción de gases comprimidos, licuados o disueltos o utilización significativa de los mismos.
- Trabajos que produzcan concentraciones elevadas de polvo silíceo.
- Trabajos con riesgos eléctricos en alta tensión.

- Que el empresario desarrolle de forma habitual su actividad profesional en el centro de trabajo.
- Que tenga la capacidad correspondiente a las funciones preventivas de acuerdo con las funciones y niveles de cualificación previstos por el Capítulo VI del Reglamento de Servicios de Prevención, que posteriormente se indicarán.

Designación de trabajadores para la realización de funciones preventivas

La empresa puede designar a uno o varios trabajadores para ocuparse de la actividad preventiva.

Para el desarrollo de esa actividad, los trabajadores designados deben tener la capacidad correspondiente señalada en el Capítulo VI del Reglamento de Servicios de Prevención, acorde con el nivel de función correspondiente. Su número y medios puestos por la empresa a su disposición deben ser los necesarios para el desarrollo adecuado de sus funciones.

Los trabajadores designados, gozan de las garantías que para los representantes de los trabajadores establece el Estatuto de los Trabajadores.

Servicio de Prevención propio

- Obligatoriedad: La empresa deberá constituir un servicio de prevención propio en alguno de los siguientes supuestos:
  - Empresas que cuenten con más de 500 trabajadores.
  - Que, tratándose de empresas de entre 250 y 500 trabajadores desarrollen alguna de las actividades presentes en el Anexo 1 del Reglamento de Servicios de Prevención.
  - Cuando así lo decida la autoridad laboral (aun siendo empresas no incluidas en los apartados anteriores) previo informe de la Inspección de Trabajo y Seguridad Social, en función de la peligrosidad de la actividad desarrollada o de la frecuencia o gravedad de la siniestralidad, salvo que se opte por concertar la actividad preventiva con servicios ajenos.
- Organización y medios de los servicios de prevención propios

  Constituye una unidad organizativa específica y sus integrantes se dedican de forma exclusiva a esta actividad.

  Debe contar con medios humanos y materiales e instalaciones necesarias para la realización de las actividades preventivas que se desarrollan en la empresa.
- Capacitación y cualificación técnicas de sus componentes

  Debe contar, al menos, con dos de las especialidades o disciplinas preventivas en su nivel superior: Medicina del trabajo, seguridad en el trabajo, higiene industrial y ergonomía y psicosociología aplicada.

  Las actividades preventivas que no sean asumidas a través de un servicio de prevención propio, deben ser concertadas con uno o más servicios de prevención ajenos.

Servicios de prevención ajenos

- Obligatoriedad: Previa consulta con los representantes de los trabajadores, la empresa recurrirá a uno o varios servicios de prevención ajenos, (que colaborarán entre sí) cuando concurra alguna de las siguientes circunstancias:
  - Cuando la designación de uno o varios trabajadores es insuficiente para la realización de la actividad de prevención y no es obligatorio constituir un servicio de prevención propio.
  - Cuando se opte por este sistema a tenor de la existencia de Informe de la
  - Inspección de Trabajo, en función de la peligrosidad de la actividad desarrollada o de la frecuencia o gravedad de la siniestralidad en la empresa.
  - Asunción parcial de actividad preventiva simultánea con la asunción personal del empresario (el servicio de prevención ajeno asumirá al menos la vigilancia de la salud) o con un servicio de prevención propio.
- Funciones del Servicio de Prevención ajeno: Los Servicios de Prevención deben estar en condiciones de proporcionar a la empresa el asesoramiento y apoyo que precise en función de los tipos de riesgo en ella existentes y en lo referente a:
  - El diseño, aplicación y coordinación de los planes y programas de actuación preventiva.
  - La evaluación de los riesgos que puedan afectar a la seguridad y a la salud de los trabajadores.

- La determinación de las prioridades en la adopción de las medidas preventivas adecuadas y la vigilancia de su eficacia.
- La información y formación de los trabajadores.
- La prestación de los primeros auxilios y planes de emergencia.
- La vigilancia de la salud de los trabajadores en relación con los riesgos derivados del trabajo.

Servicios de Prevención mancomunados

Se configuran en el Artículo 21 del RSP como modalidad organizativa alternativa, por la que podrán optar:

- Aquellas empresas que desarrollen actividades de manera simultánea en un mismo centro de trabajo, edificio o centro comercial, siempre que quede garantizada la operatividad y eficacia del servicio en los términos previstos en el apartado 3 del Artículo 15 del RSP (Es decir, que deberá tenerse en cuenta la situación de cada centro de trabajo en relación con la ubicación física del servicio, para asegurar la adecuación de los medios de dicho servicio a los riesgos existentes).
- Aquellas empresas pertenecientes a un mismo sector productivo o grupo empresarial, o que desarrollen sus actividades en un polígono industrial o área geográfica limitada, mediante negociación colectiva, acuerdo del Artículo 83.3. del Estatuto de los Trabajadores, o por decisión de las empresas afectadas.

En el acuerdo de constitución del servicio mancomunado deberán constar expresamente las condiciones mínimas en que tal servicio de prevención debe desarrollarse.

Dichos servicios tendrán la consideración de **servicios de prevención propios** de las empresas que los constituyan y deberán contar con los medios que se les exige a éstos.

Auditorías (Art. 29 y siguientes del RSP)

Son evaluaciones externas del conjunto de actividades o medidas adoptadas o previstas en todas las fases de la actividad de la empresa (con el fin de evitar o disminuir los riesgos derivados del trabajo), ejecutadas por entidades debidamente acreditadas, y realizadas bajo las siguientes condiciones:

- Sistemática. En el sentido de que debe ajustarse a un conjunto de reglas. En la actualidad sólo existe en España una norma experimental UNE 81901 EX que establece los principios básicos, criterios y prácticas de la auditoría.
- Documentada. Se exige que los resultados queden reflejados en un informe que la empresa debe mantener a disposición de la autoridad laboral competente y de los representantes de los trabajadores.
- Objetiva. Imparcial y desprovista de todo tipo de subjetivismo. Esto queda garantizado por la independencia de los auditores y por la constatación exhaustiva y global de la entidad auditora por parte de la autoridad laboral, a la hora de autorizar su existencia.

La auditoría es obligatoria cuando la empresa tenga que desarrollar actividades preventivas y no tengan concertado su servicio de prevención con entidades especializadas (servicios ajenos). Se exceptúa de dicha obligatoriedad las empresas de hasta 6 trabajadores no incluidas en el Anexo I del Reglamento de los Servicios de Prevención, en las que bien el empresario o bien uno o varios trabajadores designados, asuman el ejercicio de la actividad preventiva y su eficacia resulte evidente.

El control mediante Auditorías externas, del Sistema de prevención deberá repetirse:

- Cada 5 años.
- Siempre que se verifiquen cambios importantes en el Sistema de Gestión.
- Cuando así lo requiera la autoridad laboral, previo informe de la Inspección de Trabajo y de los Técnicos de la Comunidad Autónoma correspondiente, por razones de alta siniestralidad laboral.

Los **objetivos** deben incluir un examen y posterior evaluación sistemática, documentada y objetiva de la eficacia del sistema de prevención y tendrá como objetivos:

- La comprobación de cómo se ha realizado la evaluación inicial y periódica de los riesgos, análisis de sus resultados y verificación.
- La comprobación del sometimiento a la normativa general, así como a la normativa sobre riesgos específicos que sea de aplicación, teniendo en cuenta los resultados de la evaluación.
- El análisis de los procedimientos y medios requeridos para la realización de las actividades preventivas.

Las **Entidades auditoras** son las personas o entidades especializadas con autorización de la autoridad laboral. No pueden mantener con las empresas auditadas vinculaciones comerciales, financieras o de cualquier otro tipo.

FOMENTO DE LA TOMA DE CONCIENCIA SOBRE LA IMPORTANCIA DE INVOLUCRARSE EN LA PREVENCIÓN DE RIESGOS LABORALES

Todos conocemos que el trabajo en la construcción entraña riesgos, tal vez más que en ningún otro sector. Riesgos que pueden acarrearnos consecuencias a corto y a largo plazo, ocasionando incluso la muerte.

Aunque se han conseguido numerosos avances desde la puesta en marcha de la LPRL en 1995, sigue habiendo un gran número de accidentes laborales. Situación en la que todos tenemos algo que decir y mucho que hacer.

Este problema tiene que llevar a la reflexión, a pensar en la manera de mejorar esta situación. Todos podemos hacer algo, todos podemos aportar algo. Cada cual desde su puesto y responsabilidad debe convertirse en parte activa y hacer de la prevención un valor prioritario en su trabajo. Exigirlo de forma estricta como hacemos con otros derechos, informando cuando veamos alguna irregularidad y, desde luego, adoptando todas las medidas de seguridad necesarias y utilizando los medios y equipos de seguridad puestos a nuestra disposición.

Esta actitud debe estar sustentada en la necesaria formación. Sólo, así, identificaremos correctamente todas las situaciones de riesgo y, sobre todo, conocer los procedimientos preventivos que minimicen los riesgos de nuestra actividad. Ese conocimiento es uno de los pilares fundamentales para hacer disminuir el número de accidentes que ocurren en nuestro sector.

En definitiva, no hagas de la suerte, el hábito, la costumbre e, incluso, de tus años de experiencia unos malos sustitutos de la prevención.

No se puede permitir que los riesgos de nuestro trabajo se conviertan en accidentes.

PARTICIPACIÓN, INFORMACIÓN, CONSULTA Y PROPUESTAS

La Ley establece el derecho de los trabajadores a participar en las decisiones de la empresa en materia de prevención de riesgos laborales. Esta participación se apoya en formas de consulta o audiencia a la opinión de los trabajadores, para lo cual es imprescindible que éstos estén en posesión de las informaciones necesarias a partir de las cuales podrán formar sus juicios de manera adecuada.

Deber de información: Ideado para la participación de los trabajadores y para un conocimiento correcto de su medio de trabajo, de las circunstancias en las que desarrolla su prestación, de los riesgos y de la gravedad.

Cuando la empresa cuente con representantes de trabajadores, la información se les proporcionará a través suyo, salvo la información que deba proporcionarse al trabajador de forma directa e inmediata acerca de los riesgos de su específico puesto de trabajo.

El contenido de la información a suministrar se refiere a lo siguiente:

- Riesgos posibles, tanto generales, que afecten a la empresa en su conjunto, como particulares relativos a cada puesto de trabajo.
- Las medidas de prevención que se hubieran adoptado para hacer frente a esos riesgos.
- Las medidas previstas para los casos de emergencia.

Deber de consulta y participación: Específicamente previstos en el Capítulo V de la LPRL. En todo caso, los trabajadores singularmente considerados tienen el derecho de formular propuestas tendentes a la mejora de los niveles de protección de la seguridad y salud en la empresa.

LO QUE HEMOS APRENDIDO: tema 6

→ La obligación de seguridad del empresario respecto de los trabajadores a su servicio es una obligación de tipo contractual, directamente vinculada al contrato de trabajo.

→ Además, el empresario debe cumplir una serie de obligaciones específicas establecidas en la normativa laboral, entre otras, evaluación de riesgos, vigilancia de la salud, formación, información, equipos de trabajo y equipos de protección personal

→ Las obligaciones del empresario en materia de prevención de riesgos laborales se incrementan respecto a determinados colectivos que por diversas razones requieren una mayor protección (menores, discapacitados, etc.), lo que va a garantizar una mayor eficacia de la acción preventiva en la empresa.

→ El empresario debe constituir los órganos de prevención necesarios y los trabajadores tienen derecho a crear y formar parte de órganos especializados en materia de seguridad y salud laboral.

→ Hay que hacer de la prevención un valor prioritario, basándonos sobre todo en la formación. Conocer los procedimientos preventivos que minimicen los riesgos

→ LA LPRL y el Reglamento establecen diferentes modalidades de gestión y desarrollo de las actividades preventivas: Asunción por el empresario, designación de uno o varios trabajadores, creación de servicios de prevención propios o ajenos, servicios de prevención mancomunados.

☑ MÓDULO ÚNICO TEST 6: Derechos y obligaciones

Marcar la respuesta correcta:

1. **Para la puesta en práctica de la actividad preventiva ¿qué modalidades de organización de la prevención tiene a su disposición el empresario:**

   - ☐ Asumir personalmente estas funciones
   - ☐ Constituir un servicio de prevención propio o recurrir a un servicio de prevención ajeno a la empresa.
   - ☐ Ambas son correctas.

2. **Señale cuales de los siguientes es uno de los requisitos necesarios para que el empresario pueda asumir directamente la actividad preventiva:**

   - ☐ Que se trate de empresas de seis o más trabajadores.
   - ☐ Que las actividades desarrollas no estén consideradas en especial peligrosidad
   - ☐ Que el empresario no desarrollo su actividad profesional de forma habitual en el centro de trabajo.

3. **¿Es obligatoria la constitución de un servicio de prevención propio en una empresa de 600 trabajadores con 4 centros de trabajo9??**

   - ☐ No, nunca.
   - ☐ Sí, cuando así lo determine la autoridad laboral
   - ☐ sí.

4. **El representante de los trabajadores que tiene competencias específicas en materia de Prevención de Riesgos Laborales recibe el nombre**

   - ☐ Ayudante técnico de prevención
   - ☐ Delegado de personal
   - ☐ Delegado de Prevención

5. **La designación de los Delegados de prevención corresponde:**

   - ☐ Al empresario con carácter obligatorio
   - ☐ A los trabajadores, con carácter obligatorio
   - ☐ A la representación legal de los trabajadores, con carácter voluntario.

6. **En empresas sin representantes de los trabajadores, la consulta deberá canalizarse:**

- ☐ Directamente con cada uno de ellos
- ☐ No puede haber consulta
- ☐ Los trabajadores nombrarán al trabajador con mayor edad para que los represente.

7. **La estructura de la Ley de Prevención de Riesgos Laborales, se divide en:**

- ☐ 7 capítulos.
- ☐ 10 capítulos.
- ☐ Sólo se dividen en artículos.

8. **¿Cuántos trabajadores tiene que tener un empresa que cuenta con 8 delegados?:**

- ☐ A partir de 4000.
- ☐ De 2500 a 3000 trabajadores
- ☐ De 4001 en adelante.

9. **El control mediante auditorias externas serán:**

- ☐ Cada año.
- ☐ Cada 5 años.
- ☐ Cada 10 años.

10. **Grupos de trabajadores especialmente expuestos a riesgos:**

- ☐ Mujeres, jóvenes, inmigrantes, autónomos, personas con capacidad y trabajadores de una ETT.
- ☐ Mujeres, jóvenes, personas con capacidad, trabajadores de una ETT.
- ☐ Jóvenes, inmigrantes y autónomos.

Bibliografía

Bibliografía

- Notas Técnicas Preventivas.

  Instituto Nacional de Seguridad e Higiene en el Trabajo (INSHT)

- Guías Técnicas de Prevención

  Instituto Nacional de Seguridad e Higiene en el Trabajo (INSHT)

- La Prevención de Riesgos Laborales y los Servicios de Prevención ajenos

  Asociación de los Servicios de Prevención Ajenos (ASPA).

- Manuales de la Fundación del Metal de Asturias

- Manual para la Formación en Prevención de Riesgos Laborales

  Lex Nova. 5ª Edición

SOLUCIONARIO

AUTOEVALUACIÓN

☑ MÓDULO ÚNICO SOLUCIONES TEST 1: Definición de los trabajos

1. Marca la respuesta correcta:

- ☑ El pozo de registro sirve como sustituto a la arqueta general.
- ☐ Las bajantes son conductores horizontales que recogen las aguas en diversas plantas.
- ☐ La instalación colgada son tuberías verticales sin pendientes que recogen el agua de los bajantes.

2. Tipos de arquetas:

- ☐ Arqueta de camino
- ☑ Arqueta a pie de bajante
- ☐ Arqueta sinfónica.

3. Instalaciones provisionales de obra:

- ☐ Instalaciones provisionales para trabajadores (aseos y vestuarios)
- ☐ Instalaciones eléctricas.
- ☑ Ambas respuestas son correctas.

4. En los puntos de consumo, la presión mínima de grifos comunes es de:

- ☐ 5 mca.
- ☑ 10 mca.
- ☐ 15 mca.

5. De las siguientes afirmaciones, marca la incorrecta:

- ☐ El suministro de agua al local es a través de la conducción de agua que la compañía suministradora posee.
- ☑ Aguas pluviales, son las procedente de la lluvia o de la nieve. Son aguas sucias.
- ☐ La tubería de fundición gris en bajantes, colectores y ventilación.

6. La temperatura de agua caliente sanitaria debe estar comprendida entre:

- ☐ 40º y 60º.
- ☐ 60º y 80º.
- ☑ 50º y 65º.

7. **Suministros de la instalación:**

- ☑ Acometida, instalación general y particulares, derivaciones colectivas, sistemas de tratamiento de agua.
- ☐ Instalaciones generales y particulares, sistemas de tratamiento de agua.
- ☐ Acometida, derivaciones colectivas e instalaciones generales.

8. **Las tuberías de agua de consumo humano se señalarán con los colores :**

- ☐ Verde o naranja.
- ☐ Marrón o negro.
- ☑ Verde oscuro o azul.

9. **Las aguas que vierten en la red de evacuación se agrupan en:**

- ☑ Aguas residuales, fecales y pluviales.
- ☐ Aguas fecales.
- ☐ Agua corriente, pluvial, fecales y agua caliente.

10. **Características de los materiales de la red de evacuación, señala la incorrecta:**

- ☐ Resistencia a la abrasión
- ☐ Resistencia a la corrosión
- ☑ Absorción sólo de los ruidos producidos

☑ MÓDULO ÚNICO SOLUCIONES TEST 2: Técnicas preventivas específicas

1. **¿Quién debe realizar el Plan de Seguridad y salud?**

   - ☐ El promotor
   - ☐ El subcontratista
   - ☑ El contratista

2. **El Plan de Seguridad y salud debe ser aprobado por:**

   - ☑ Coordinador de seguridad y obra
   - ☐ Promotora
   - ☐ Técnico de Superior de prevención de riesgos.

3. **Respecto a la selección y utilización de los EPI´s, los empresarios tendrán la obligación de...**

   - ☐ Proporcionar gratuitamente a los trabajadores los epi´s que deben utilizar, reponiéndolos cuando resulte necesario.
   - ☐ Velar por la utilización de los equipos y asegurar que su mantenimiento se realiza de manera adecuada.
   - ☑ Todas las respuestas son correctas.

4. **Determina cuál es la afirmación correcta:**

   - ☐ Debe ponderar la protección individual sobre la colectiva.
   - ☑ La protección colectiva es aquella que elimina el riesgo en su origen.
   - ☐ La protección colectiva no puede eliminar el riesgo en su origen puesto que busca un resultado para cada individuo.

5. **De los siguientes elementos de protección, cuál hace referencia a la protección colectiva:**

   - ☐ Mascarillas
   - ☑ Redes verticales
   - ☐ Cinturón de seguridad

6. **¿Cuándo debemos recurrir a la protección individual?**

- ☑ Se recurre a la protección individual cuando la protección colectiva no es suficiente para reducir o eliminar el riesgo.
- ☐ Se recurre a la protección colectiva cuando la protección individual no es suficiente para reducir o eliminar el riesgo.
- ☐ Se recurre a la protección individual en todo caso.

7. **De las siguientes expresiones, señala la más adecuada**

- ☐ La protección personal no solamente evita el accidente sino que además elimina cualquier riesgo de seguridad al trabajador.
- ☑ Siempre se debe anteponer la protección colectiva a la protección individual.
- ☐ La protección personal se debe usar cuando previamente ha ocurrido un accidente, para evitar posteriores.

8. **Objetivos de la señalización:**

- ☐ Llamar la atención sobre los riesgos con el fin de que no se materialice en accidentes.
- ☐ Facilitar a los trabajadores la localización e identificación de los medios e instalaciones de protección, evacuación, emergencia o primeros auxilios.
- ☑ Ambas opciones son correctas.

9. **Según el significado de la señal se pueden clasificar en:**

- ☐ Prohibición, advertencia y obligación.
- ☑ Prohibición, obligación, advertencia, salvamento e indicación.
- ☐ Prohibición, obligación, advertencia, socorro e indicación.

10. **Para que la señales nos indiquen una obligación o indicación, deberá ser de color:**

- ☐ Amarillo
- ☑ Azul
- ☐ Verde

☑ MÓDULO ÚNICO SOLUCIONES TEST 3: Medios auxiliares, equipos y herramientas

1. **Denominamos pequeño material a:**

   - ☐ Ganchos y escudos.
   - ☐ Escarpias y abrazaderas.
   - ☑ Ambas son correctas.

2. **Señala la afirmación correcta:**

   - ☑ Las herramientas manuales se utilizarán en aquellas tareas para las que fueron concebidas.
   - ☐ Los equipos se utilizarán a elección de los operarios.
   - ☐ Los equipos de oxicorte se almacenan en lugares cerrados.

3. **Manejo de herramientas de corte:**

   - ☐ Los dientes de las sierras será aconsejable que no estén afilados.
   - ☑ Cada tipo de sierra sólo se empleará en la aplicación específica para la que ha sido diseñada.
   - ☐ Emplear también estas herramientas para golpear.

4. **Manejo de llaves y destornilladores:**

   - ☐ Sujetar en la mano la pieza en la que se va a atornillar.
   - ☐ Las llaves se llevaron donde más cómodo sea para el usuario.
   - ☑ Emplear la llave adecuada a cada tuerca, no introducir nunca cuñas para ajustarla.

5. **Marca cuál es la norma que tienen que cumplir los andamios:**

   - ☑ Norma Europea HD - 1000.
   - ☐ H. 1000.
   - ☐ R.D 1000/1998.

6. **Protecciones colectivas para los andamios tubulares**

- ☑ Proteger la zona de descarga y acopio de los elementos de los andamios.
- ☐ Señalizar el andamio con elementos luminosos.
- ☐ En ocasiones se utilizarán sistemas de montaje.

7. **Andamios borriqueta, se utilizan:**

- ☑ En trabajos interiores de albañilería y acabados.
- ☐ Sirven tanto para trabajos interiores como exteriores indistintamente.
- ☐ Sobre todo, en trabajos de fachadas.

8. **Partes que componen un andamio de borriqueta:**

- ☐ Plataforma y dos objetos de sujeción.
- ☐ Plataforma y barandillas
- ☑ Plataforma, arriostramiento y barandillas

9. **Equipos de soldadura:**

- ☐ Soldadura de oxiacetilénica y de corte.
- ☐ Soldadura eléctrica.
- ☑ Ambas respuestas son correctas.

10. **La soldadura oxiacetilénica y de corte, señala la incorrecta:**

- ☐ Las botellas deberán estar aisladas de cualquier contacto eléctrico.
- ☑ Para abrir las válvulas de las botellas, colocarse en frente.
- ☐ Las botellas estarán siempre en posición vertical en el correspondiente carro o bien sujetas.

☑ MÓDULO ÚNICO SOLUCIONES TEST 4: Verificación, identificación y vigilancia del lugar de trabajo y su entorno

1. **De las siguientes opciones señale cuál es la correcta:**

- ☑ Entre otros, los servicios higiénicos se consideran lugares de trabajo.
- ☐ El lugar de trabajo es la zona edificada donde se realiza, habitualmente, el trabajo.
- ☐ Se considera que los comedores, zonas de descanso y local de primeros auxilios no son lugares de trabajo.

2. **La actividad preventiva se planificará por un periodo determinado de:**

- ☐ Todos los meses.
- ☐ Cada dos años.
- ☑ Una vez al año.

3. **Los riesgos relacionados con instalación de aire acondicionado, marca la incorrecta:**

- ☐ Sobreesfuerzos posturales.
- ☐ Contactos eléctricos directos e indirectos
- ☑ Riesgo por exposición a agentes biológicos.

4. **El taller de tuberías estará dotado de:**

- ☐ De buena iluminación.
- ☑ Puerta, ventilación e iluminación.
- ☐ Señalización, y ventilación.

5. **La Planificación de prevención:**

- ☑ El seguimiento del contenido de la Planificación corresponderá al técnico de prevención encargado de la misma, en sus visitas periódicas al centro de trabajo.
- ☐ El documento de Planificación deberá ser elaborado por los trabajadores
- ☐ Será estudiado y aprobado por el Coordinador de seguridad y salud.

6. **La Normativa por la que se establecen las Disposiciones Mínimas de Seguridad y Salud en los Lugares de Trabajo:**

☑ RD 486/1997.

☐ RD 485/1997.

☐ RD 47/1998.

7. **La planificación deberá contemplar:**

☐ Actividades preventivas a realizar o contemplar

☑ Nunca se tendrá en cuenta la previsión de recursos económicos

☐ El calendario y responsables de ejecución.

8. **Señala la incorrecta:**

☐ Se prohíbe los trabajos de soldadura y oxicorte en lugares próximos a otros trabajos en los que se están manipulando pinturas o pegamentos inflamables para evitar riesgo de explosión.

☐ Al lado de las botellas se tendrá a mano un extintor de polvo químico.

☑ Siempre que se pueda, se almacenará las bombonas de gas o botellas en el exterior, expuestas al sol.

9. **La coordinación de actividades empresariales, viene recogida:**

☑ Art. 24 LPRL.

☐ Art. 24 del Reglamento de prevención.

☐ Art. 44 del convenio de la construcción.

10. **No es de aplicación el RD de lugares de trabajo, cuál es falsa:**

☐ Buques de pesca.

☐ Industria de extracción.

☑ Hoteles.

☑ MÓDULO ÚNICO SOLUCIONES TEST 5: Interferencias entre actividades

1. **Fases de una obra:**

- ☐ Fase de movimiento de tierras, excavación y cimentación.
- ☑ Fase de movimientos de tierras, excavación y cimentación; fase de construcción de estructura y cubiertas; fase de acabado; obra civil e instalaciones.
- ☐ Fases de interior y fases de exterior.

2. **El trabajo en la estructura:**

- ☑ Corremos riesgos de caídas de objetos.
- ☐ Corremos riesgos de caída desde alturas.
- ☐ Corremos riesgos ambientales.

3. **La labor de coordinar actividades simultáneas corresponde:**

- ☐ A los operarios.
- ☐ Al empresario
- ☑ Al coordinador de seguridad y salud.

4. **Cuando trabajemos simultáneamente en la fase de movimiento de tierras, excavación y cimentación habrá:**

- ☑ Equiparse con ropa de alta visibilidad.
- ☐ Equiparse con mascarilla antipolvo.
- ☐ Equiparse con ropa especial de abrigo.

5. **Indiferentemente de las fases de trabajo:**

- ☐ Es muy importante que haya una buena coordinación en los cortes de corriente para evitar accidentes.
- ☐ Mantener un buen estado de orden y limpieza.
- ☑ Ambas son correctas.

6. **Precauciones en la fase de construcción de estructuras y cubiertas:**

- ☐ Procurar que los operarios se encuentre situado debajo de la carga suspendida.
- ☑ Asegurar el estado de los ganchos con sus pestillos de seguridad.
- ☐ Hacer acopio de los materiales al borde de los forjados y asegurar un correcto almacenaje de éstos.

7. **Habrá que preparar los equipos:**

- ☑ Con anticipación.
- ☐ En el momento de su utilización.
- ☐ No hace falta preparación.

8. **Riesgos ligados a la fase de construcción de estructuras y cubiertas:**

- ☐ Desprendimiento de la carga y caída de personas.
- ☑ Desprendimiento de la carga, atrapamientos, caída de personas y golpes.
- ☐ Atrapamiento y golpes.

9. **Los trabajos de fontanería no se desarrollan, en las fases:**

- ☐ Fase de acabado e instalaciones industriales.
- ☑ Fase de movimiento de tierras.
- ☐ Fase de construcción de estructura y acabado.

10. **Señala la afirmación correcta:**

- ☐ Los trabajos de fontanería sólo se realizan en obras.
- ☐ La seguridad nunca dependerá del operador de la máquina de elevación.
- ☑ Es importante que conozcas los riesgos que afectan a otros oficios, ya que puedes interactuar con ellos y verte afectado por los riesgos derivados de su oficio.

☑ MÓDULO ÚNICO SOLUCIONES TEST 6: Derechos y obligaciones

1. **Para la puesta en práctica de la actividad preventiva ¿qué modalidades de organización de la prevención tiene a su disposición el empresario:**

   ☐ Asumir personalmente estas funciones

   ☐ Constituir un servicio de prevención propio o recurrir a un servicio de prevención ajeno a la empresa.

   ☑ Ambas son correctas.

2. **Señale cuales de los siguientes es uno de los requisitos necesarios para que el empresario pueda asumir directamente la actividad preventiva:**

   ☐ Que se trate de empresas de seis o más trabajadores.

   ☑ Que las actividades desarrollas no estén consideradas en especial peligrosidad

   ☐ Que el empresario no desarrollo su actividad profesional de forma habitual en el centro de trabajo.

3. **¿Es obligatoria la constitución de un servicio de prevención propio en una empresa de 600 trabajadores con 4 centros de trabajo9??**

   ☐ No, nunca.

   ☐ Sí, cuando así lo determine la autoridad laboral

   ☑ sí.

4. **El representante de los trabajadores que tiene competencias específicas en materia de Prevención de Riesgos Laborales recibe el nombre**

   ☐ Ayudante técnico de prevención

   ☐ Delegado de personal

   ☑ Delegado de Prevención

5. **La designación de los Delegados de prevención corresponde:**

   ☐ Al empresario con carácter obligatorio

   ☐ A los trabajadores, con carácter obligatorio

   ☑ A la representación legal de los trabajadores, con carácter voluntario.

6. **En empresas sin representantes de los trabajadores, la consulta deberá canalizarse:**

☑ Directamente con cada uno de ellos

☐ No puede haber consulta

☐ Los trabajadores nombrarán al trabajador con mayor edad para que los represente.

7. **La estructura de la Ley de Prevención de Riesgos Laborales, se divide en:**

☑ 7 capítulos.

☐ 10 capítulos.

☐ Sólo se dividen en artículos.

8. **¿Cuántos trabajadores tiene que tener un empresa que cuenta con 8 delegados?:**

☐ A partir de 4000.

☐ De 2500 a 3000 trabajadores

☑ De 4001 en adelante.

9. **El control mediante auditorias externas serán:**

☐ Cada año.

☑ Cada 5 años.

☐ Cada 10 años.

10. **Grupos de trabajadores especialmente expuestos a riesgos:**

☑ Mujeres, jóvenes, inmigrantes, autónomos, personas con capacidad y trabajadores de una ETT.

☐ Mujeres, jóvenes, personas con capacidad, trabajadores de una ETT.

☐ Jóvenes, inmigrantes y autónomos.

Made in the USA
Monee, IL
18 October 2026

66048456R00066